Gerhard Sielhorst
Manuela Wilhelm

Makroprogrammierung mit Excel 4.0

Gerhard Sielhorst
Manuela Wilhelm

MAKROPROGRAMMIERUNG MIT
EXCEL 4.0

2., aktualisierte Auflage

Die Deutsche Bibliothek - CIP-Einheitsaufnahme

Sielhorst, Gerhard:
Makroprogrammierung mit EXCEL 4.0 / Gerhard Sielhorst ;
Manuela Wilhelm. - 2., aktualisierte Aufl. - Braunschweig ;
Wiesbaden : Vieweg, 1992
ISBN 978-3-322-90434-8   ISBN 978-3-322-90433-1 (eBook)
DOI 10 1007/978-3-322-90433-1
NE: Wilhelm, Manuela:

Dieses Buch ist keine Original-Dokumentation der Firma Microsoft. Sollte Ihnen dieses Buch anstelle der Original-Dokumentation zusammen mit Disketten verkauft worden sein, welche die entsprechende Microsoft-Software enthalten, so handelt es sich wahrscheinlich um eine Raubkopie der Software.
Benachrichtigen Sie in diesem Fall umgehend Microsoft GmbH, Edisonstr. 1, 8044 Unterschleißheim - auch die Benutzung einer Raubkopie kann strafbar sein.

Verlag Vieweg und Microsoft GmbH

Das in diesem Buch enthaltene Programm-Material ist mit keiner Verpflichtung oder Garantie irgendeiner Art verbunden. Die Autoren und der Verlag übernehmen infolgedessen keine Verantwortung und werden keine daraus folgende oder sonstige Haftung übernehmen, die auf irgendeine Art aus der Benutzung dieses Programm-Materials oder Teilen davon entsteht.

1. Auflage 1991
2., aktualisierte Auflage 1992

Umschlagsgestaltung: Schrimpf & Partner, Wiesbaden

Gedruckt auf säurefreiem Papier

ISBN 978-3-322-90434-8

INHALTSVERZEICHNIS

EINLEITUNG

Computerkenntnisse sind innerhalb sehr kurzer Zeit zu einer wichtigen Qualifikation für jeden geworden, der im kaufmännischen Bereich tätig ist. Je mehr betriebliche Aufgaben durch Computer unterstützt oder durch sie gesteuert werden können, desto mehr haben kaufmännische Mitarbeiter in Unternehmen die Pflicht, sich über das Leistungsvermögen und die Leistungsgrenzen dieser "neuen Maschine" zu informieren.

Ein Weg, die Einsatzmöglichkeiten eines Computers zu erkennen, besteht darin, den Umgang mit einem oder mehreren Softwareprogrammen zu erlernen. Viele Unternehmen setzen inzwischen Programme zur Tabellenkalkulation ein, um beispielsweise Teile ihres Berichtswesens mit Hilfe des Computers zu erstellen.

Das vorliegende Buch wurde erarbeitet, um dem Kaufmann zu zeigen, wie betriebliche Aufgaben, bei denen Daten verarbeitet und gespeichert werden müssen, mit Hilfe eines Tabellenkalkulationsprogramms effizienter erledigt werden können. Der gesamte Makro-Befehlsvorrat und die wichtigsten Funktionen von Excel werden anhand zahlreicher Beispiele veranschaulicht.

Personalstatistiken, vertriebsorientierte Deckungsbeitragsrechnungen, oder das Aufstellen von Tilgungsplänen u.a. dienen als Rahmen, um die Einsatzmöglichkeiten spezifischer Makro-Befehle zu erkennen. Der professionelle Umgang mit Auswahlbildern, Menü-Befehlen, interaktiven Makros sowie die Verwendung von Makros als Unterprogramme werden demonstriert.

Vorbereitung

Die Arbeitsblätter zu diesem Buch sind auf der mitgelieferten Diskette gespeichert. Arbeiten Sie jedoch nicht mit **dieser** Diskette, sondern kopieren Sie die Dateien auf Sicherungsdisketten oder besser noch in ein Unterverzeichnis Ihrer Festplatte. Die Dateien können aufgrund ihrer Namen einzelnen Kapiteln zugeordnet werden, z.B. ist das Arbeitsblatt des ersten Kapitels in der Datei 1PERS.XLS gespeichert.

Voraussetzungen

Sie arbeiten am effektivsten mit diesem Buch, wenn Sie die vorgestellten Befehle unmittelbar an Ihrem Computer eingeben bzw. nachvollziehen können. Sie benötigen dazu einen IBM AT oder einen kompatiblen Computer mit einer Arbeitsspeicherkapazität von mindestens 2 MB (besser wären 4 MB oder mehr). Die mitgelieferten Dateien sind auf einer 5 1/4"-Diskette gespeichert. Schließlich benötigen Sie für das Bearbeiten jedes Kapitels etwa 3 Stunden Zeit.

Vorgehensweise

Jedes Kapitel beginnt mit einer Beschreibung des Arbeitsblattes, seiner Formeln und Funktionen. Anschließend werden in den Kapiteln 1 und 2 schrittweise die Makros erstellt. Die Anwendungen dieser Kapitel sind relativ einfach, so daß wir uns mehr auf die Erstellung der Makros konzentrieren können als auf die Beschreibung der Arbeitsblätter.

Nachdem Sie in den beiden ersten Kapiteln erfahren haben, wie man Makros erstellt, testet, dokumentiert und zur Ausführung bringt, werden wir in den folgenden Kapiteln jeweils spezifische Makro-Befehle erläutern, wobei die Makros bereits vollständig erstellt sind. Ab Kapitel 3 steht demnach weniger der Formalismus bei der Erstellung der Makros im Vordergrund, sondern die Beschreibung der Einsatzmöglichkeiten bestimmter Befehle innerhalb einer Anwendung.

In Kapitel 3 erfahren Sie, wie man mit Hilfe von Menü-Befehlen die übliche Excel-Menüleiste am oberen Bildschirmrand durch individuelle und auf die Anwendung zugeschnittene Menüleisten ersetzen und damit die Abläufe innerhalb des Arbeitsblattes nach eigenen Wünschen gestalten kann.

In Excel und anderen Windows-Anwendungen stellen Dialogfenster das am häufigsten eingesetzte Kommunikationsmittel zwischen PC und Anwender dar. Kapitel 4 beschreibt den Einsatz interaktiver Makros. Sie erfahren, wie Sie eigene Dialogfenster definieren und eine sichere Dateneingabe durch Verwendung von Plausibilitätsprüfungen erreichen können.

Kapitel 5 beschreibt, wie man bei einer Vielzahl von Makros durch Verwendung von Unterprogrammen Schreibarbeit reduzieren und die Übersichtlichkeit der Makros erhöhen kann.

Kapitel 6 gibt eine Einführung in die Erstellung von Grafiken. Sie erfahren, wie Sie mit Hilfe von Makros die grafische Aufbereitung von Zahlenwerten effizienter gestalten können.

Kapitel 7 beschreibt schließlich, welche Makrofunktionen Excel bereithält, um Daten aus einer ASCII-Datei zu lesen. Eine Einführung in das Arbeiten mit der Excel-Datenbank rundet das Kapitel ab: Sie erfahren, wie Sie die aus der ASCII-Datei gelesenen Werte mit Hilfe spezieller Datenbankfunktionen statistisch auswerten können.

Am Ende jedes Kapitels erhalten Sie Gelegenheit, selbst weitere Makros zu erstellen und verschiedene Sachverhalte des Kapitels noch einmal auszuprobieren. Dann sind auch Ihrer Experimentierfreude keine Grenzen gesetzt.

Die Kapitel bauen aufeinander auf. Es ist daher zu empfehlen, die Reihenfolge der Kapitel einzuhalten. Beispielsweise werden Makros, die in den ersten Kapiteln erarbeitet worden sind, in späteren Kapiteln als bekannt vorausgesetzt.

Schreibweisen

Dieses Buch verwendet folgende Schreibweisen:

o Makrofunktionen, z.B. "die Makrofunktion **DATEI.SCHÜTZEN**", werden fett und in Großbuchstaben dargestellt;

o Parameter von Makrofunktionen und Excel-Befehle, z.B. "die Befehlsfolge **Datei - Öffnen**", werden fett dargestellt;

o Selbstdefinierte Namen, z.B. "das Feld B5 hat die Bezeichnung *Laufzeit* erhalten", werden kursiv dargestellt.

1   EINFACHE MAKROS

Nehmen wir an, dem Leiter eines Produktionsbetriebes sei von der Personalabteilung mitgeteilt worden, daß sich in seiner Abteilung die Abwesenheitsquote aus Krankheitsgründen um 0,5 % erhöht hat. Infolge Tarifänderungen soll zukünftig ebenfalls eine Erhöhung der Urlaubsquote um 0,5 % berücksichtigt werden. Der Produktionsleiter möchte nun wissen, welche Auswirkungen dieser Ausfall von Mitarbeitern auf den Personalbedarf der nächsten Planungsperiode hat.

ZIELE DES KAPITELS

Solche und ähnliche Berechnungen können Sie auf elegante Art mit Hilfe von **Excel** durchführen.

Wir werden im folgenden Abschnitt ein Arbeitsblatt vorstellen, das solche Berechnungen gestattet, und dann beschreiben, wie man dieses Arbeitsblatt durch Makros sinnvoll unterstützen kann. Sie werden erfahren, wie Makros

> aufgebaut,
> dokumentiert und
> zur Ausführung gebracht

werden.

Übungen am Ende des Kapitels sollen Sie ermuntern, das vorgestellte Arbeitsblatt durch weitere Makros zu ergänzen.

EINGABE VON BEFEHLEN

Wir werden im folgenden zahlreiche Excel-Befehle beschreiben. Da Sie Befehle auf verschiedene Arten eingeben können, ist es notwendig, sich vorab ein Bild über die in diesem Buch verwendeten Schreibweisen zu machen.

Starten Sie Excel. Wenn Sie an Ihrem PC eine Maus angeschlossen haben, können Sie den Mauszeiger zum entsprechenden Menü der Menüzeile bringen und durch Betätigen des linken Mausknopfes auswählen. Analog können Sie einen der unter dem jeweiligen Menü enthaltenen Befehle auswählen.

Wenn Sie ohne Maus arbeiten, können Sie durch Drücken von ALT-Buchstabe das gewünschte Menü öffnen und anschließend durch Eingabe eines weiteren Buchstabens einen Befehl auswählen.

Schließlich bietet Excel die Möglichkeit, für das Öffnen von Menüs eine weitere Menütaste zu definieren: Öffnen Sie das Menü **Optionen** (ALT-O) und wählen Sie den Befehl **Arbeitsbereich** (A). Sie sehen in der Mitte des Dialogfensters den Befehl **Alternative Menü- oder Hilfetaste**. Excel benutzt standardmäßig den Schrägstrich (/). Durch Eingabe des Schrägstriches gelangen Sie in die Menüzeile und können dann durch Eingabe eines Buchstabens eines der Menüs öffnen. Drücken Sie die ESCAPE-Taste, um das Dialogfenster zu schließen.

Befehlsfolgen werden in diesem Buch auf zwei Arten verwendet: Wenn innerhalb eines Satzes zur Erläuterung die entsprechenden Befehlsfolgen genannt werden, verwenden wir lediglich Menü- und Befehlsnamen, z.B.: "Legen Sie für Spalte C mit Hilfe der Befehlsfolge **Format - Spaltenbreite** eine Spaltenbreite von 30 fest."

Es bleibt Ihnen in solchen Fällen überlassen, welche Eingabeart Sie verwenden.

Wenn - z.B. bei der Erstellung von Makros - jeder Tastenanschlag von Bedeutung ist, werden wir auch jeden Tastenanschlag vorgeben. Für das Formatieren der Spaltenbreite sähe dies folgendermaßen aus:

Geben Sie ein:	*Befehl:*
ALT-T	*Menü Format*
B	*Befehl Spaltenbreite*
30	*Festlegen der Spaltenbreite*
RETURN-Taste	*Bestätigen des Befehls*

Hier sollten Sie die beschriebene Befehlsfolge genau in dieser Form eingeben.

Geben Sie ALT-Bindestrich (ALT -) ein, um ein spezielles Menü zu öffnen: Mit diesem Menü können Sie den Bildschirmaufbau verändern. Wählen Sie den Befehl **Vollbild**. Dieser Befehl bewirkt, daß der gesamte Bildschirm für die Anzeige des Arbeitsblattes zur Verfügung steht.

DAS ARBEITSBLATT

Abbildung 1.1 zeigt den Aufbau des Arbeitsblattes sowie - zur Erläuterung - die verwendeten Formeln und Funktionen zu einigen Feldern.

Sie sehen drei Spalten mit Text- und Zahleninhalt:

> Textspalte,
> Werte der laufenden Periode und
> Werte der Planperiode.

Die Zeilen enthalten folgende Informationen:

o   Arbeitstage - Die laufende Periode hat nach Abzug von Sonn- und Feiertagen 250 Arbeitstage.

o   Benötigte Schichten - Um den geplanten Output erbringen zu können, benötigt der Produktionsleiter 40.000 Schichten.

o   Abwesenheit - Die Abwesenheit aufgrund von Urlaub, Krankheit und sonstigen Gründen beträgt zusammen 19,2 %.

o   Schichten/Mitarbeiter - Eine Abwesenheitsquote von 19,2 % hat zur Folge, daß jeder Mitarbeiter dem Betrieb von den 250 Arbeitstagen nur 202 Tage zur Verfügung steht.

o   Personalbestand - Der Personalbestand umfaßt 200 Mitarbeiter.

o   Schichten - Wenn 200 Mitarbeiter an durchschnittlich 202 Arbeitstagen anwesend sind, ergeben sich insgesamt 40.400 Schichten.

o   Fehlbedarf Schichten - Ein Fehlbedarf an Schichten ergibt sich, wenn die Anzahl der benötigten Schichten größer ist als die Anzahl der tatsächlich zur Verfügung stehenden Schichten.

o   Überhang Schichten - Ein Überhang an Schichten ergibt sich, wenn die Anzahl der zur Verfügung stehenden Schichten größer ist als die Anzahl der für den geplanten Output benötigten.

o   Benötigter Personalbedarf - Der benötigte Personalbedarf ergibt sich aus der Anzahl der benötigten Schichten dividiert durch die Anzahl Schichten/Mitarbeiter.

Abbildung 1.1: Personalübersicht

A	B	C	D	E	F	G	H
1							
2	Produktionsplanung: Personalübersicht						VERWENDETE FORMELN
3	------------------------------------						
4	Zeitraum	:	Lfd. Per.	:	Planper.		
5	------------------------------------						=WIEDERHOLEN("-";51);
6	Arbeitstage	:	250	:	125		
7	------------------------------------						
8	Benötigte Schichten	:	40.000	:	20.100		
9	------------------------------------						
10	Ab- : Urlaub	:	11,6	:	12,1		
11	wesen-: Krankheit	:	5,8	:	6,3		
12	heit : sonstige Gründe	:	1,8	:	1,8		
13	: Summe (%)	:	19,2	:	20,2		=SUMME(F10:F12)
14	------------------------------------						
15	Schichten / Mitarbeiter	:	202,00	:	99,75		=F6*(100-F13)/100
16	------------------------------------						
17	Personalbestand	:	200	:	200		
18	------------------------------------						
19	Schichten	:	40.400	:	19.950		=F17*F15
20	------------------------------------						
21	Fehlbedarf Schichten	:		:	150		=WENN(F8-F19>0;F8-F19;"")
22	Überhang Schichten	:	400	:			=WENN(F8-F19<0;F19-F8;"")
23	------------------------------------						
24	Personalbedarf	:	198	:	202		=RUNDEN(F8/F15;0)
25	------------------------------------						
26	Fehlbedarf Personal	:		:	2		=WENN(F17-F24>=0;"";F24-F17)
27	Überhang Personal	:	2	:			=WENN(F17-F24<=0;"";F17-F24)

o   Fehlbedarf Personal - Wenn der benötigte Personalbestand größer ist als der tatsächliche Personalbestand, besteht ein Fehlbedarf an Personal.

o   Überhang Personal - Wenn der tatsächliche Personalbestand größer ist als der benötigte Personalbestand, besteht ein Überhang an Personal.

Wir kommen zu dem Ergebnis, daß Veränderungen bei den Größen

o   Arbeitstage,
o   Benötigte Schichten,
o   Abwesenheit (Urlaub, Krankheit, sonstige Gründe) und
o   Personalbestand

direkte Auswirkungen haben auf die Größen

o   Summe Abwesenheit (%),
o   Schichten/Mitarbeiter,
o   Schichten,
o   Fehlbedarf/Überhang Schichten und
o   Fehlbedarf/Überhang Personal.

Rufen Sie das Arbeitsblatt auf: Laden Sie mit Hilfe der Befehlsfolge **Datei - Öffnen** die Datei 1PERS.XLS.

Der Cursor befindet sich auf dem Feld A1, und Sie sehen die Tabelle, wie wir sie vorher beschrieben haben. Vergrößern Sie - falls noch erforderlich - die Anzeige des Arbeitsblattes durch den Befehl **Vollbild**. Sie können diesen Befehl auch durch Drücken der Tastenkombination STRG-F10 aufrufen.

Im folgenden werden wir die in diesem Arbeitsblatt verwendeten Funktionen erläutern. Formeln und Funktionen werden in Excel durch das Gleichheitszeichen (=) eingeleitet. Gehen Sie mit dem Cursor nach Feld B5:

Die Funktion

=WIEDERHOLEN(Zeichenfolge;n)

wiederholt die Zeichenfolge um den mit n angegebenen Faktor.

Diese Funktion wird häufig dazu benutzt, gestrichelte Linien in Arbeitsblättern zu erstellen.

Gehen Sie mit dem Cursor auf das Feld F13:

Die Funktion

=SUMME(Liste)

gibt die Summe der Inhalte der Felder aus *Liste* wieder, in unserem Beispiel die Summe aus F10 (Urlaub), F11 (Krankheit) und F12 (sonstige Gründe).

Die Felder F15 und F19 enthalten einfache Formeln zur Berechnung der Felder "Anzahl Schichten/Mitarbeiter" und "Schichten".

Diese Felder ergeben sich durch folgende Berechnungen:

Schichten/Mitarbeiter (F15):

$$= F6 * (100 - F13) / 100$$

$$125 * (100 - 20,2) / 100 = 99,75$$

Anzahl Schichten (F19):

$$= F17 * F15$$

$$200 * 99,75 = 19.950$$

Gehen Sie mit dem Cursor nach F21:

Die Funktion

= WENN(Logischer Ausdruck;Dannwert;Sonstwert)

stellt eines der wichtigsten und nützlichsten Werkzeuge bei der effektiven Nutzung von Excel dar.

Wenn der logische Ausdruck "wahr" ist, ist das Ergebnis der **WENN**-Funktion der Dannwert.

Ist der logische Ausdruck "falsch", ist das Ergebnis der Sonstwert.

Die **WENN**-Funktion wird in unserer Tabelle zur Definition des Fehlbedarfs und des Überhangs an Schichten eingesetzt:

$$= WENN(F8 - F19 > 0 ; F8 - F19 ; " ")$$

Dieser Ausdruck gibt folgende Anweisung: Wenn die Anzahl der benötigten Schichten abzüglich der verfügbaren Schichten größer Null ist, dann schreibe in das Feld die Differenz

"Benötigte Schichten" - "Schichten", d.h. F8 - F19, ansonsten schreibe Leerzeichen in das Feld.

Gehen Sie mit dem Cursor nach F22:

$$= WENN(F8 - F19 < 0 ; F19 - F8 ; " ")$$

Diese Formel bewirkt folgendes:

Wenn die Anzahl der benötigten Schichten abzüglich der verfügbaren Schichten kleiner Null ist, dann schreibe in das Feld die Differenz

"Schichten" - "Benötigte Schichten", d.h. F19 - F8, ansonsten schreibe Leerzeichen in das Feld.

Da wir noch in zahlreichen Anwendungen auf die **WENN**-Funktion zurückgreifen werden, sollten Sie Aufbau und Anwendung der Funktion verstanden haben. Vollziehen Sie beispielsweise die Formeln der Zeilen 26 und 27 nach, die zwar den gleichen Zweck wie eben beschrieben erfüllen (hier in bezug auf die Personalzahlen), die wir aber vom logischen Aufbau her geringfügig geändert haben.

Eine weitere Funktion wurde beim Aufbau unseres Arbeitsblattes verwendet. Gehen Sie mit dem Cursor nach F24:

Die Funktion

=RUNDEN(X;N)

liefert einen Wert, der auf die mit N angegebene Anzahl von Dezimalstellen gerundet wurde. Hat N den Wert 0, wird das Ergebnis auf eine ganze Zahl gerundet.

In unserem Beispiel liefert

=RUNDEN(F8 / F15 ; 0)

für die Planperiode den Wert 202.

Die Anzahl der benötigten Schichten wird durch die Anzahl der Schichten/Mitarbeiter dividiert. Der sich ergebende Wert wird ganzzahlig gerundet (der benötigte Personalbestand kann nur eine ganze Zahl sein).

ERSTELLEN EINFACHER MAKROS

Ein Makro besteht aus einer Gruppe von Anweisungen, die unter einem Namen zusammengefaßt und ausgeführt werden können. Die zusammengefaßten Makrobefehle werden nicht in der Datei, die das Arbeitsblatt speichert, sondern in einer sogenannten *Makrovorlage* gespeichert, die allerdings einer Tabelle sehr ähnlich ist.

Wir werden im folgenden zwei Makros schreiben, die

o   den Schutz des Arbeitsblattes bewirken, und die

o   den Schutz des Arbeitsblattes wieder aufheben.

Sie befinden sich immer noch innerhalb der Tabelle 1PERS. Bewegen Sie den Cursor nach Feld A1. Excel bietet über die Befehlsfolge **Optionen - Datei schützen** die Möglichkeit, die Datei vor unbeabsichtigter Änderung zu schützen. Geben Sie diese Befehlsfolge ein (z.B. durch die Tastenfolge */OZ* oder durch *ALT-O* und anschließend *Z*). Excel öffnet daraufhin ein Dialogfenster und fordert Sie zur Eingabe eines Kennwortes auf. Wir wollen jedoch auf die Eingabe eines Kennwortes verzichten. Drücken Sie daher lediglich die RETURN-Taste, um das Dialogfenster zu schließen.

Wenn Sie anschließend versuchen, Text in das Feld A1 oder ein beliebiges anderes Feld einzugeben, erhalten Sie den Hinweis "Gesperrte Zellen können nicht geändert werden". Durch Drücken der RETURN-Taste bestätigen Sie den Fehlerhinweis.

Heben Sie anschließend den Tabellenschutz durch Verwendung der Befehlsfolge **Optionen - Dateischutz aufheben** wieder auf (dies ist Voraussetzung für die Erstellung des ersten Makros).

Das erste Makro

Wir wollen nun das erste Makro erstellen. Excel verfügt über einen Makro-Rekorder, mit dessen Hilfe Sie alle Aktionen, die Sie in Excel durchführen, in einem Makro aufzeichnen lassen können. Nach Einschalten des Rekorders werden die Befehle aufgerufen, die das Makro später automatisch leisten soll. Nachdem Sie die Aufzeichnung beendet haben, können Sie sich das erstellte Makro ansehen.

Das erste Makro soll bewirken, daß die Tabelle vor unbeabsichtigter Änderung geschützt wird. Vollziehen Sie folgende Befehlsfolge nach. Beachten Sie, daß Sie bei der Eingabe des Tastenschlüssels den Kleinbuchstaben *e* eingeben müssen.

Geben Sie ein:	*Befehl:*
ALT-K	*Menü Makro*
Z	*Aufzeichnung beginnen*
Schutz_ein	*Eingabe des Makro-Namens*
TAB-Taste	*Sprung ins Feld Taste*
e	*Eingabe des Tastenschlüssels*
RETURN-Taste	*Bestätigen des Befehls*
ALT-O	*Öffnen des Menüs Optionen*
Z	*Datei schützen*
RETURN-Taste	*Keine Paßworteingabe*
ALT-K	*Menü Makro*
Z	*Aufzeichnung beenden*

Um das Makro später ausführen zu können, mußten wir ihm an dieser Stelle einen Namen und einen Tastenschlüssel zuweisen.

Die Makrovorlage

Öffnen Sie das Menü **Fenster**. Im unteren Teil des Dialogfensters sehen Sie die geladenen Dateien. Excel hat während der Aufzeichnung die Makrovorlage MAKRO1 erstellt. Aktivieren Sie die Makrovorlage durch Eingabe der Zahl, die vor dem Namen der Makrovorlage steht.

Um den gesamten Inhalt der Felder einsehen zu können, müssen Sie mit Hilfe der Befehlsfolge **Format - Spaltenbreite** für Spalte A eine Breite von 20 festlegen.

Abbildung 1.2 zeigt den momentanen Inhalt der Makrovorlage.

Abbildung 1.2: Das erste Makro

	A	B
1	schutz_ein (e)	
2	=DATEI.SCHÜTZEN(WAHR;FALSCH;;WAHR)	
3	=RÜCKSPRUNG()	

Verwenden Sie anschließend folgende Befehlsfolge, um die Makrovorlage unter dem Dateinamen 1PERS.XLM abzuspeichern.

Geben Sie ein: *Befehl:*

ALT-D *Menü Datei*
U *Speichern unter*
1PERS *Namen für Makrovorlage eingeben*
RETURN-Taste *Bestätigen des Befehls*

Damit haben Tabelle und Makrovorlage den gleichen Namen. Beide unterscheiden sich nur durch die Dateinamenerweiterung (1PERS.XLS = Tabelle; 1PERS.XLM = Makrovorlage).

Makros beginnen mit ihrem Namen und enden mit der Funktion **RÜCKSPRUNG**. Auf die Funktion **DATEI.SCHÜTZEN** werden wir später eingehen.

Dokumentieren von Makros

Sie befinden sich immer noch innerhalb der Makrovorlage. Es ist sinnvoll, Makros zu dokumentieren. Tragen Sie in das Feld B1 den Text

STRG-e

und in das Feld B2 den Text

Einrichten Tabellenschutz

ein. Sie wissen nun auf einen Blick, wie das Makro heißt (Feld A1), über welchen Tastenschlüssel es aufgerufen wird (Feld B1), und was es bewirkt (Feld B2). Bei Einsatz des Rekorders wird zudem im ersten Feld der Tastenschlüssel angegeben.

An dieser Stelle heißt es bereits Abschied nehmen von der Verwendung des Makro-Rekorders: Wir werden bei der Erstellung der weiteren Makros auf seinen Einsatz verzichten, insbesondere deshalb, weil er bestimmte Makrobefehle (z.B. interaktive Befehle) nicht angemessen unterstützt. Ab sofort werden wir unsere Makros direkt in die Makrovorlage eingeben.

Aufrufen von Makros

Wechseln Sie wieder zur Tabelle. Öffnen Sie dazu das Menü **Fenster** und wählen Sie die Zahl, die die Tabelle aktiviert.

Prüfen Sie, ob der Tabellenschutz aufgehoben ist. Falls nicht, heben Sie ihn mit Hilfe der Befehlsfolge **Optionen - Dateischutz aufheben** wieder auf.

Makros können auf zweierlei Art aufgerufen werden: Entweder durch Verwendung der Tastenkombination STRG-Tastenschlüssel (in unserem Beispiel durch STRG-e, zu beachten ist, daß Excel hier zwischen Groß- und Kleinschreibung differenziert), oder mit Hilfe der Befehlsfolge **Makro - Ausführen**.

Geben Sie die Tastenkombination STRG-e ein. Versuchen Sie anschließend, in das Feld A1 Text einzugeben. Wenn Excel den Hinweis "Gesperrte Zellen können nicht geändert werden" bringt, funktioniert das Makro. Bestätigen Sie den Fehlerhinweis durch Drücken der RETURN-Taste.

Heben Sie ein weiteres Mal den Tabellenschutz auf (Befehlsfolge **Optionen - Dateischutz aufheben**). Öffnen Sie anschließend das Menü **Makro** (ALT-K) und wählen Sie den Befehl **Ausführen**. Excel zeigt daraufhin ein Dialogfenster mit den in der Makrovorlage gespeicherten Makros. Da wir bislang lediglich ein Makro erstellt haben, fällt die Auswahl nicht schwer: Drücken Sie ALT-A, um in das Dialogfeld **Ausführen** zu gelangen, und betätigen Sie *Pfeiltaste unten*, um das Makro *Schutz_ein* zu markieren. Drücken Sie schließlich die RETURN-Taste, um das Makro zur Ausführung zu bringen.

Makro: Aufheben Tabellenschutz

Wechseln Sie zur Makrovorlage und bewegen Sie den Cursor nach Feld C1. Richten Sie für Spalte C eine Breite von 22 Zeichen ein (Befehlsfolge **Format - Spaltenbreite**).

Excel unterscheidet zwischen verschiedenen Arten von Makro-Befehlen. In den beiden ersten Kapiteln werden wir uns im wesentlichen mit den

Befehlsäquivalenten Makrofunktionen

beschäftigen. Hierbei handelt es sich um Befehle, die Sie ebenso durch Wahl des entsprechenden Befehls aus den Excel-Menüs aufrufen können. Die Argumente einer befehlsäquivalenten Funktion entsprechen den Optionen, die mit dem entsprechenden Befehl bei Öffnen des Dialogfensters verbunden sind.

Im folgenden soll die Arbeitsweise befehlsäquivalenter Makrofunktionen am Beispiel der Funktion

DATEI.SCHÜTZEN(Inhalt;Fenster;Kennwort;Objekte)

erläutert werden.

Die Funktion **DATEI.SCHÜTZEN** entspricht den Befehlsfolgen **Optionen - Datei schützen** bzw. **Optionen - Dateischutz aufheben**. Öffnen Sie das Menü **Optionen** und wählen Sie den Befehl **Datei schützen** (zuvor müssen Sie dafür Sorgen, daß der eventuell noch vorhandene Schutz über die Befehlsfolge **Dateischutz aufheben** beseitigt wird).

Nachdem Sie den Befehl **Datei schützen** eingegeben haben, stellen Sie fest, daß bis zu vier Werte eingegeben werden müssen: **Kennwort, Zellen, Objekte** und **Fenster**. Nun vergleichen Sie diese Werte mit den Argumenten, die beim Aufruf der Funktion **DATEI.SCHÜTZEN** festgelegt werden müssen:

Inhalt ist ein Wahrheitswert, der dem Kontrollkästchen "Zellen" entspricht. Wenn **Inhalt** *wahr* ist oder fehlt, schaltet Excel das Kontrollkästchen ein und schützt die Zellen der Tabelle oder der Makrovorlage bzw. bei einer Grafik das vollständige Diagramm. Wenn **Inhalt** *falsch* ist, schaltet Excel das Kontrollkästchen aus und entfernt den Schutz.

Fenster ist ein Wahrheitswert, der dem Kontrollkästchen "Fenster" entspricht. Wenn **Fenster** *wahr* ist, schaltet Excel das Kontrollkästchen ein und schützt das Fenster einer Datei davor, verschoben oder in der Größe geändert zu werden. Wenn **Fenster** *falsch* ist, schaltet Excel das Kontrollkästchen aus und entfernt damit wieder den Schutz.

Kennwort entspricht einem Textwert, um eine Datei zu schützen oder um den Schutz wieder aufzuheben. Auf das Arbeiten mit Kennwörtern werden wir in diesem Buch verzichten.

Objekte ist ein Wahrheitswert, der dem Kontrollkästchen "Objekte" entspricht. Wenn **Objekte** *wahr* ist, schaltet Excel das Kontrollkästchen aus und schützt alle Objekte der Tabelle oder Makrovorlage. Wenn **Objekte** *falsch* ist, schaltet Excel das Kontrollkästchen aus.

Wenn **Inhalt**, **Fenster** und **Objekte** *falsch* sind, führt **DATEI.SCHÜTZEN** den Befehl **Dateischutz aufheben** aus. Wenn eines der drei Argumente *wahr* ist, wird der Befehl **Datei schützen** ausgeführt.

Nun wollen wir das Makro, das den Tabellenschutz wieder aufhebt, eingeben. Schließen Sie eventuell noch geöffnete Dialogfenster. Der Cursor befindet sich immer noch in Feld C1 der Makrovorlage 1PERS.XLM. Tragen Sie in das Feld C1 den Text

      Schutz_aus

ein. In das Feld C2 tragen Sie bitte

      =DATEI.SCHÜTZEN(FALSCH;FALSCH;;FALSCH)

ein. Tragen Sie schließlich in das Feld C3 den Befehl

      =RÜCKSPRUNG()

ein. Bewegen Sie den Cursor anschließend nach Feld D1 und tragen Sie zu Dokumentationszwecken den Text

      STRG-a

und in das Feld D2 den Text

      Aufheben Tabellenschutz

ein. Abbildung 1.3 zeigt das Makro Aufheben Tabellenschutz.

Abbildung 1.3: Makro Aufheben Tabellenschutz

	C	D
1	Schutz_aus	STRG-a
2	=DATEI.SCHÜTZEN(FALSCH;FALSCH;;FALSCH)	Aufheben Tabellenschutz
3	=RÜCKSPRUNG()	

Um das Makro später ausführen zu können, müssen wir ihm noch einen Namen und einen Tastenschlüssel zuweisen. Bewegen Sie den Cursor nach Feld C1.

Geben Sie ein:	*Befehl:*
ALT-R	*Menü Formel*
F	*Namen Festlegen*
TAB-Taste	*Sprung ins nächste Feld*
TAB-Taste	*Sprung ins nächste Feld*
TAB-Taste	*Sprung ins nächste Feld*
B	*Option Befehl*
A	*Option Taste*
a	*Tastenschlüssel eingeben*
RETURN-Taste	*Bestätigen des Befehls*

Sie können fortan durch Drücken von STRG-e den Tabellenschutz aktivieren und durch STRG-a wieder aufheben.

Nun zu einer Besonderheit: Wenn mit einem Makrobefehl ein Dialogfeld verbunden ist, möchten Sie möglicherweise während der Makroausführung in das Dialogfeld Eintragungen vornehmen. Um dies zu ermöglichen, müssen Sie hinter den Makrobefehl ein Fragezeichen plazieren. Zu diesen Makrobefehlen gehört **DATEI.SCHÜTZEN**.

Bewegen Sie den Cursor nach Feld A2, drücken Sie die Funktionstaste F2, um den Feldinhalt editieren zu können, und fügen Sie hinter den Makrobefehl ein Fragezeichen ein:

=DATEI.SCHÜTZEN?(WAHR;FALSCH;;WAHR)

Wenn Sie jetzt STRG-e drücken, öffnet Excel das Dialogfenster und Sie können die an die Makrofunktion übergebenen Argumente wieder überschreiben, beispielsweise ein Kennwort festlegen. Drücken Sie die RETURN-Taste, um den Befehl zu beenden.

Durch Drücken von STRG-a heben Sie den Tabellenschutz wieder auf.

Sie sollten sich an dieser Stelle merken, daß Excel zu jedem Befehl eine befehlsäquivalente Makrofunktion bereithält, die Sie innerhalb von Makros einsetzen können. Die an die Funktion zu übergebenden Parameter entsprechen den Optionen des Dialogfensters, das Excel nach Wahl des Befehls öffnet.

Wenn Sie Informationen zu einer der Optionen benötigen, müssen Sie den Cursor zu dieser Option bewegen und die Funktionstaste F1 drücken. Probieren Sie es aus! Wählen Sie die Befehlsfolge **Optionen - Datei schützen** und drücken Sie die F1-Taste: Sie bekommen Informationen zum Befehl **Optionen - Datei schützen** einschließlich der Optionen angezeigt. Über die Befehlsfolge **Datei - Thema**

drucken können Sie den Hilfetext ausdrucken lassen. Sie können das Hilfesystem über die Befehlsfolge **Datei - Beenden** wieder verlassen.

Makro: Aufheben Zellschutz

Arbeitsblätter enthalten Bezeichnungen (z.B. Überschriften), Formeln und Zahlen. Während Bezeichnungen und Formeln nach Erstellung des Arbeitsblattes relativ selten geändert werden, unterliegen Zahlenfelder wesentlich häufigeren Änderungen. Es ist daher sinnvoll, nur Bezeichnungen und Formeln vor unbeabsichtigter Änderung zu schützen, während der Schutz der Zahlenfelder aufgelöst wird.

Excel bietet die Befehlsfolge **Format - Zellschutz** an, um nach Aktivieren des Tabellenschutzes ausgewählte Teile des Arbeitsblattes wieder für Eingaben verfügbar zu machen.

Wechseln Sie zur Tabelle und lösen Sie den eventuell noch vorhandenen Tabellenschutz durch Drücken von STRG-a auf. Gehen Sie mit dem Cursor nach Feld D6. Dieses Zahlenfeld soll frei geändert werden können.

Geben Sie ein:	*Befehl:*
ALT-T	*Menü Format*
U	*Zellschutz*
Leertaste	*Aufheben Status Gesperrt*
RETURN-Taste	*Schließen Dialogfenster*

Nachdem Sie die Befehlsfolge **Format - Zellschutz** eingegeben haben, öffnet Excel ein Dialogfenster mit den Optionen **Gesperrt** und **Formel ausblenden**. Der Cursor befindet sich im Feld **Gesperrt**. Das Kreuz zeigt an, daß der Schutz dieses Feldes aktiv ist. Nachdem Sie die Leertaste gedrückt haben, verschwindet das Kreuz und der Zellschutz ist aufgehoben.

Schließen Sie eventuell noch geöffnete Dialogfenster und rufen Sie das Makro *Schutz_ein* durch Drücken von STRG-e auf. Wenn Sie das zuvor eingegebene Fragezeichen nicht wieder entfernt haben, werden Sie nach einem Kennwort gefragt. Da wir auch weiterhin auf den Einsatz eines Kenntwortes verzichten wollen, drücken Sie einfach die RETURN-Taste, um das Dialogfenster wieder zu schließen. Die gesamte Tabelle - bis auf Feld D6 - erhält daraufhin einen Schreibschutz. Feld D6 kann deshalb geändert werden, weil der Schutz speziell für dieses Feld aufgehoben wurde.

Felder, deren Schutz aufgehoben wurde, werden - wenn der Tabellenschutz eingeschaltet ist - optisch durch einen Unterstreichungsstrich hervorgehoben. Der Unterstreichungsstrich verschwindet, wenn Sie den Tabellenschutz wieder aufheben. Rufen Sie dazu das Makro *Schutz_aus* durch Drücken von STRG-a auf.

Das nächste Makro soll bewirken, daß der Schutz für das Feld, auf dem sich gerade der Cursor befindet, aufgelöst wird. Öffnen Sie das Menü **Fenster** und wechseln Sie zur Makrovorlage.

Bewegen Sie innerhalb der Makrovorlage den Cursor in das Feld A7. Tragen Sie in dieses Feld

> Zellschutz_aus

ein. Bewegen Sie den Cursor anschließend in das Feld A8. Welche Makrofunktion realisiert die Aufhebung des Zellschutzes? Namen für Makrofunktionen entsprechen in den meisten Fällen den Namen "normaler" Befehlsfolgen.

Die gesuchte Funktion heißt in diesem Fall

> **ZELLSCHUTZ(Gesperrt;Formel_verbergen)**

bzw.

> **ZELLSCHUTZ?(Gesperrt;Formel_verbergen)**

Die Parameter **Gesperrt** und **Formel_verbergen** der Funktion **ZELLSCHUTZ** entsprechen den Optionsfeldern **Gesperrt** und **Formel ausblenden** des Dialogfensters.

Das Fragezeichen der zweiten Variante bewirkt, daß nach Aufruf der Funktion das Dialogfenster mit den Optionsfeldern **Gesperrt** und **Formel ausblenden** geöffnet wird.

Ist der Parameter *wahr*, wird die entsprechende Option gesetzt (*wahr* bewirkt beispielsweise bei **Gesperrt** die Einrichtung des Feldschutzes), bei *falsch* wird die Wahl rückgängig gemacht. Wird ein Argument weggelassen, werden die Vorgaben nicht geändert.

Setzen wir damit die Makroerstellung fort. Sie befinden sich mit dem Cursor in Feld A8 der Makrovorlage. Tragen Sie in dieses Feld

> =ZELLSCHUTZ(FALSCH;FALSCH)

ein. In das Feld A9 tragen Sie bitte

> =RÜCKSPRUNG()

ein. Nachdem Excel den eingegebenen Text als gültige Makrofunktion erkannt hat, wird der Makrofunktionsname in Großbuchstaben umgewandelt.

Tragen Sie anschließend zu Dokumentationszwecken in das Feld B7

> STRG-z

und in das Feld B8

      Aufheben Zellschutz

ein. Abbildung 1.4 zeigt das eben erstellte Makro.

Abbildung 1.4: Makro Aufheben Zellschutz

	A	B
7	Zellschutz_aus	STRG-z
8	=ZELLSCHUTZ(FALSCH;FALSCH)	Aufheben Zellschutz
9	=RÜCKSPRUNG()	

Um das Makro später ausführen zu können, müssen wir ihm einen Namen und einen Tastenschlüssel zuweisen. Bewegen Sie den Cursor nach Feld A7. In dieses Feld hatten Sie soeben den Text "Zellschutz_aus" eingetragen. Die folgenden Befehle vergeben für unser drittes Makro einen Namen und einen Tastenschlüssel. Vollziehen Sie die Befehlsfolge nach!

Geben Sie ein:	*Befehl:*
ALT-R	*Menü Formel*
F	*Namen Festlegen*
TAB-Taste	*Sprung ins nächste Feld*
TAB-Taste	*Sprung ins nächste Feld*
TAB-Taste	*Sprung ins nächste Feld*
B	*Option Befehl*
A	*Option Taste*
z	*Tastenschlüssel eingeben*
RETURN-Taste	*Bestätigen des Befehls*

Nachdem wir unser drittes Makro geschrieben haben, wollen wir prüfen, ob es funktioniert. Verlassen Sie dazu die Makrovorlage und wechseln Sie zur Tabelle.

Die Auflösung des Schutzes einzelner Felder kann nur durchgeführt werden, wenn vorab der Tabellenschutz aufgehoben wurde. Rufen Sie daher das Makro *Schutz_aus* durch Drücken von STRG-a auf.

Bewegen Sie den Cursor nach Feld F6 und rufen Sie das eben erstellte Makro *Zellschutz_aus* durch Drücken von STRG-z auf (den Schutz für Feld D6 hatten wir bereits aufgelöst).

Aktivieren Sie anschließend durch STRG-e den Tabellenschutz. Die gesamte Tabelle ist damit bis auf die Felder D6 und F6 für Eingaben gesperrt. Auf diese Art können Sie innerhalb einer Tabelle Formeln und Überschriften vor unbeabsichtigter Änderung schützen, während Zahlenfelder für Eingaben verfügbar bleiben.

Makro: Drucken der Tabelle

Auch das Drucken der Tabelle soll mit Hilfe eines Makros erfolgen. Wechseln Sie zur Makrovorlage und bewegen Sie den Cursor nach Feld A13. Tragen Sie in dieses Feld "Drucken" ein.

In das Feld A14 tragen Sie bitte

=AUSWÄHLEN("z1s1:z27s7")

ein. Die Makrofunktion

AUSWÄHLEN(Auswahl;Aktive_Zelle)

entspricht dem Auswählen bestimmter Zellen des Arbeitsblattes. **Auswahl** ist der Bereich, den Sie auswählen wollen, **Aktive_Zelle** ist die Zelle in **Auswahl**, die Sie zur aktiven Zelle machen wollen. Fehlt diese Angabe, macht Excel das obere linke Feld der Auswahl zum aktiven Feld.

Viele Operationen, die Sie in Excel durchführen, verlangen zunächst die Angabe eines Bereiches, für den die Operationen gelten sollen, beispielsweise müssen Sie vor dem Aufruf des Kopierbefehls festlegen, welchen Bereich Sie kopieren wollen. In Makros realisieren Sie die Auswahl über die eben beschriebene Funktion **AUSWÄHLEN**. Zu beachten ist, daß sich die Zeilen- und Spaltennumerierung bei der Makroprogrammierung von den Angaben im Arbeitsblatt unterscheidet: Sie müssen beispielsweise das Feld A1 durch "Z1S1" angeben. Mit

AUSWÄHLEN("Z1S7")

wird ein einzelnes Feld ausgewählt. Mit

AUSWÄHLEN("Z1S1:Z10S2")

wird ein zusammenhängender Bereich ausgewählt. Diese und die folgende Anweisung sind identisch:

AUSWÄHLEN("Z1S1:Z10S2";"Z1S1")

Beide Anweisungen machen Feld A1 (bzw. Z1S1) zum aktiven Feld.

Sie können auch Bereiche spezifizieren, die nicht zusammenhängend sind:

AUSWÄHLEN("Z1S1:Z3S2;Z8S1:Z9S1";"Z1S1")

Diese Anweisung legt zwei Bereiche fest und macht Feld A1 zum aktiven Feld.

Eine vollständige Spalte wählen Sie beispielsweise durch folgende Anweisung aus:

AUSWÄHLEN("S2")

Mit dieser Anweisung wird Spalte B ausgewählt. Zeile 4 können Sie folgendermaßen auswählen:

AUSWÄHLEN("Z4")

Wenn Sie vorher mit Hilfe der Befehlsfolge **Formel - Namen festlegen** einen
Namen für einen bestimmten Tabellenbereich definiert haben, können Sie diesen
Namen beim Aufruf verwenden, z.B.:

AUSWÄHLEN("Tab_Bereich")

Bewegen Sie nun den Cursor in das Feld A15 der Makrovorlage und tragen Sie

=DRUCKBEREICH.FESTLEGEN()

ein. Die Makrofunktion

DRUCKBEREICH.FESTLEGEN()

entspricht der Befehlsfolge **Optionen - Druckbereich festlegen**.

Nachdem Sie mit **AUSWÄHLEN** einen Bereich markiert haben, bleibt dieser Bereich optisch so lange hervorgehoben, bis Sie einen anderen Bereich ausgewählt
haben. Fügen Sie daher dem Druckmakro in Feld A16 der Makrovorlage die
Anweisung

=AUSWÄHLEN("Z1S1")

hinzu, die veranlaßt, daß die Markierung des Druckbereiches wieder aufgelöst
wird.

Die Makrofunktion

**DRUCKEN(Bereich;Von;Bis;Kopien;Entwurf;Seitenansicht;
Auszug;Farbe;Papiervorschub;Qualität;v-Qualität)**

entspricht der Befehlsfolge **Datei - Drucken**. Nachdem Sie diese Befehlsfolge
eingegeben haben, öffnet Excel ein Dialogfenster mit Optionsfeldern, die den Parametern der Makrofunktion **DRUCKEN** entsprechen.

Die Parameter **Bereich, Von** und **Bis** legen den zu druckenden Seitenbereich fest.
Da wir nur den markierten Bereich ausdrucken wollen, können wir auf diese Angaben verzichten. **Kopien, Seitenansicht, Auszug, Farbe** und **Papiervorschub**
entsprechen den weiteren Optionsfeldern des Dialogfensters.

Unser Ausdruck sollte in einfacher Ausfertigung (Parameter "1"), als Seitenansicht (Parameter *wahr*) und nicht als Entwurf (Parameter *falsch*) erfolgen. **Auszug** gibt an, ob das Arbeitsblatt, Notizen oder beides gedruckt werden sollen.

Da wir lediglich das Arbeitsblatt ausdrucken wollen, werden wir den Parameter "1" an die Makrofunktion **DRUCKEN** übergeben. Die weiteren Parameter sind an dieser Stelle für uns unbedeutend. Bewegen Sie den Cursor nach Feld A17 und geben Sie die Funktion **DRUCKEN** folgendermaßen ein:

=DRUCKEN(1;;;1;FALSCH;WAHR;1)

In das Feld A18 tragen Sie bitte

=RÜCKSPRUNG()

ein. Zu Dokumentationszwecken tragen Sie bitte in das Feld B13

STRG-d

und in das Feld B14

Drucken Arbeitsblatt

ein. Abbildung 1.5 zeigt das soeben erstellte Druckmakro.

Excel bietet zu jeder Befehlsfolge eine Hilfetext an, so auch zur Befehlsfolge **Datei - Drucken**. Geben Sie diese Befehlsfolge ein und drücken Sie - nachdem Excel das Dialogfenster geöffnet hat - die Funktionstaste F1. Der Hilfetext enthält weitere Informationen zu den einzelnen Optionsfeldern und damit zu den Parametern der Makrofunktion **DRUCKEN**.

Da es nicht möglich ist, sich die Arbeitsweise sämtlicher Funktionen genau zu merken, sollte Ihnen immer bewußt sein, daß Excel zu jeder Funktion erläuternde Texte über die umfangreiche Online-Hilfe bereithält.

Um das Makro später ausführen zu können, müssen wir ihm vorab einen Namen und einen Tastenschlüssel zuweisen. Schließen Sie eventuell noch geöffnete Dialogfenster und bewegen Sie den Cursor innerhalb der Makrovorlage nach Feld A13. Achten Sie wieder darauf, daß Sie als Tastenschlüssel den Kleinbuchstaben *d* eingeben.

Abbildung 1.5: Druckmakro

	A	B
13	Drucken	STRG-d
14	=AUSWÄHLEN("z1s1:z27s7")	Drucken Arbeitsblatt
15	=DRUCKBEREICH.FESTLEGEN()	
16	=AUSWÄHLEN("z1s1")	
17	=DRUCKEN(1;;;1;FALSCH;WAHR;1)	
18	=RÜCKSPRUNG()	

Geben Sie ein: *Befehl:*

ALT-R   *Menü Formel*
F   *Namen Festlegen*
TAB-Taste   *Sprung ins nächste Feld*
TAB-Taste   *Sprung ins nächste Feld*
TAB-Taste   *Sprung ins nächste Feld*
B   *Option Befehl*
A   *Option Taste*
d   *Tastenschlüssel eingeben*
RETURN-Taste   *Bestätigen des Befehls*

Damit das hat Makro den Namen *Drucken* und den Tastenschlüssel *d* erhalten.

Wenn Sie zur Tabelle wechseln, können Sie fortan durch Drücken von STRG-d den Druck - als Seitenansicht - des Arbeitsblattes auslösen. Wenn Sie sich das Arbeitsblatt nicht als Seitenansicht auf dem Bildschirm ansehen, sondern über Ihren angeschlossenen Drucker ausgeben wollen, müssen Sie lediglich beim Aufruf der Funktion **DRUCKEN** den Parameter **Seitenansicht** von *wahr* nach *falsch* ändern.

Nachdem Sie nun einige Zeit mit der Makrovorlage gearbeitet haben, sollten Sie sie zwischendurch einmal sichern. Wechseln Sie zur Makrovorlage und verwenden Sie für den Sicherungsvorgang die Befehlsfolge **Datei - Speichern**.

Makro: Cursorbewegungen

In diesem Abschnitt wollen wir die Makrofunktion **FORMEL.GEHEZU** näher untersuchen. Sie entspricht der Befehlsfolge **Formel - Gehezu** oder dem Drücken der Funktionstaste F5. Probieren Sie es aus: Wechseln Sie zur Tabelle 1PERS.XLS und drücken Sie F5. Excel fragt Sie, in welches Feld Sie mit dem Cursor springen wollen. Tragen Sie "A2" ein und drücken Sie die RETURN-Taste. Excel bewegt den Cursor daraufhin in das Feld A2.

Das nächste Makro setzt die Makrofunktion

FORMEL.GEHEZU(Bezug;Ecke)

ein, um bestimmte Cursorbewegungen durchzuführen.

Bezug legt die Sprungadresse fest; **Ecke** ist ein Wahrheitswert, der festlegt, ob **Bezug** in die obere linke Ecke des Fensters plaziert werden soll. Wenn **Ecke** den Wert *wahr* hat, setzt Excel **Bezug** in die obere linke Ecke des Fensters; wenn es den Wert *falsch* hat oder ausgelassen wird, führt Excel einen normalen Sprung durch.

Das Makro, das wir im folgenden schreiben werden, legt zunächst eine Startposition für den Cursor fest. Anschließend werden vier relative Sprünge durchgeführt, die den Cursor nach Feld D6 bringen.

Bewegen Sie den Cursor nach Feld A22 der Makrovorlage. Tragen Sie in dieses Feld "Cursorbewegungen" ein. Abbildung 1.6 zeigt das Makro. Schreiben Sie das Makro und die erläuternden Texte, wie in der Abbildung angegeben.

Abbildung 1.6: Makro Cursorbewegungen

	A	B
22	Cursorbewegungen	STRG-c
23	=FORMEL.GEHEZU("z1s1")	Festlegen Startposition
24	=FORMEL.GEHEZU("zs(5)")	5 Spalten nach rechts
25	=FORMEL.GEHEZU("z(7)s")	7 Zeilen nach unten
26	=FORMEL.GEHEZU("zs(-2)")	2 Spalten nach links
27	=FORMEL.GEHEZU("z(-2)s")	2 Zeilen nach oben
28	=RÜCKSPRUNG()	Ende des Makros

Schließlich müssen Sie für das Makro einen Namen und einen Tastenschlüssel vergeben. Bewegen Sie den Cursor nach Feld A22. In dieses Feld hatten Sie soeben "Cursorbewegungen" eingetragen.

Geben Sie ein: *Befehl:*

ALT-R   *Menü Formel*
F   *Namen Festlegen*
TAB-Taste   *Sprung ins nächste Feld*
TAB-Taste   *Sprung ins nächste Feld*
TAB-Taste   *Sprung ins nächste Feld*
B   *Option Befehl*
A   *Option Taste*
c   *Tastenschlüssel eingeben*
RETURN-Taste   *Bestätigen des Befehls*

Wechseln Sie zur Tabelle und prüfen Sie, ob das Makro funktioniert: Nachdem Sie STRG-c gedrückt haben, müßte sich der Cursor in Feld D6 befinden.

Makro: Sprung von der Tabelle zur Makrovorlage

Wir mußten im Verlaufe dieses Kapitels einige Male zwischen Tabelle und Makrovorlage hin- und herschalten. Das nächste Makro soll bewirken, daß Sie - wenn Sie sich innerhalb der Tabelle befinden - zur Makrovorlage gelangen.

Excel bietet zu diesem Zweck die Makrofunktion

AKTIVIEREN(Fenster_Text;Unterfenster_Nummer)

an, die der Aktivierung eines Unterfensters entspricht. **Fenster_Text** ist der Name eines Fensters in Textform, z.B. 1PERS.XLS. **Unterfenster_Nummer** ist die Nummer des zu aktivierenden Unterfensters.

Wechseln Sie zur Makrovorlage und bewegen Sie den Cursor nach Feld A32. Tragen Sie in dieses Feld "Aktivieren_Makrovorlage" ein. In das Feld A33 tragen Sie bitte

      =AKTIVIEREN("1pers.xlm")

ein. Tragen Sie schließlich in das Feld A34 die Funktion

      =RÜCKSPRUNG()

ein. Abbildung 1.7 zeigt das soeben erstellte Makro. Ergänzen Sie das Makro noch um die Dokumentation.

Abbildung 1.7: Makro Aktivieren_Makrovorlage

	A	B
32	Aktivieren_Makrovorlage	STRG-M
33	=AKTIVIEREN("1pers.xlm")	Aktivieren Makrovorlage
34	=RÜCKSPRUNG()	

Das Makro zeigt noch einmal, daß Sie nicht unbedingt jeden Parameter einer Makrofunktion spezifizieren müssen. Wir konnten hier beispielsweise auf die Angabe von **Unterfenster_Nummer** verzichten. Abschließend müssen Sie für das Makro wieder einen Namen und einen Tastenschlüssel vergeben. Bewegen Sie den Cursor nach Feld A32. In dieses Feld hatten Sie soeben "Aktivieren_Makrovorlage" eingetragen. Beachten Sie die Großschreibung bei der Vergabe des Tastenschlüssels.

Geben Sie ein:	*Befehl:*
ALT-R	*Menü Formel*
F	*Namen Festlegen*
TAB-Taste	*Sprung ins nächste Feld*
TAB-Taste	*Sprung ins nächste Feld*
TAB-Taste	*Sprung ins nächste Feld*
B	*Option Befehl*
A	*Option Taste*
M	*Tastenschlüssel M eingeben*
RETURN-Taste	*Bestätigen des Befehls*

Wechseln Sie zur Tabelle. Rufen Sie anschließend das Makro durch Drücken von STRG-M auf. Wenn es funktioniert, befinden Sie sich wieder innerhalb der Makrovorlage. Beachten Sie, daß Sie durch Verwendung des Großbuchstabens "M" als Tastenschlüssels beim Makroaufruf insgesamt drei Tasten drücken müssen: STRG-UMSCHALT-M.

Makro: Speichern der Tabelle

Die Makrofunktion

SPEICHERN()

entspricht der Befehlsfolge **Datei - Speichern**.

Bewegen Sie den Cursor nach Feld A38 der Makrovorlage und tragen Sie "Speichern_Tabelle" ein. Abbildung 1.8 zeigt das Makro. Schreiben Sie das Makro, so wie in der Abbildung angegeben.

Abbildung 1.8: Makro Speichern der Tabelle

	A	B
38	Speichern_Tabelle	STRG-s
39	=SPEICHERN()	Speichern Tabelle
40	=RÜCKSPRUNG()	

Bewegen Sie den Cursor nach Feld A38. In dieses Feld hatten Sie soeben "Speichern_Tabelle" eingetragen. Vergeben Sie anschließend Namen und Tastenschlüssel.

Geben Sie ein:	*Befehl:*
ALT-R	*Menü Formel*
F	*Namen Festlegen*
TAB-Taste	*Sprung ins nächste Feld*
TAB-Taste	*Sprung ins nächste Feld*
TAB-Taste	*Sprung ins nächste Feld*
B	*Option Befehl*
A	*Option Taste*
s	*Tastenschlüssel eingeben*
RETURN-Taste	*Bestätigen des Befehls*

Sie können fortan durch Drücken von STRG-s das Speichern der Tabelle veranlassen.

Makros können selbstverständlich auch aufgerufen werden, wenn Sie sich innerhalb der Makrovorlage befinden. In vielen Fällen macht dies allerdings keinen
Sinn. Beispielsweise ist das Druckmakro speziell auf die Zeilen- und Spaltenan-
gaben der Tabelle ausgerichtet.

Bei anderen Makros wäre allerdings auch ein Aufruf aus der Makrovorlage denk-
bar, z.B. beim zuletzt erstellten Makro *Speichern_Tabelle*.

ZUSAMMENFASSUNG

Wir haben in diesem Kapitel eine Reihe einfacher Makros erstellt. Sie haben erfahren, daß die Erstellung von Makros in mehreren Schritten erfolgt:

o   Eingabe und Dokumentation des Makros,

o   Benennen des Makros (Vergabe von Namen und Tastenschlüssel), und

o   Ausführen des Makros.

Das Arbeiten mit dem Makro-Rekorder wurde an einem Beispiel demonstriert.
Da sich der Makro-Rekorder nur für das Erstellen einfacher Makros eignet, haben wir frühzeitig auf seinen Einsatz verzichtet und die weiteren Makros selbst
eingegeben.

Sie haben darüber hinaus eine Reihe von Makrofunktionen kennengelernt und zur
Ausführung gebracht, z.B. **DATEI.SCHÜTZEN, DRUCKEN** und **AUSWÄH-
LEN**.

Schließlich haben Sie erfahren, daß die an eine Makrofunktion zu übergebenden
Parameter im wesentlichen den Optionsfeldern "normaler" Befehlsfolgen entsprechen.

Dieses Kapitel sollte erste Eindrücke vermitteln, wie man in Excel Makros erstellt. In den weiteren Kapiteln werden wir uns intensiv mit speziellen Makrofunktionen beschäftigen und deren Einsatzmöglichkeiten innerhalb einer Anwendung aufzeigen.

Die folgenden Übungsaufgaben werden Sie veranlassen, einige weitere einfache
Makros zu erstellen. Sie sollten die Aufgaben lösen, um zu prüfen, ob Sie den
Ablauf bei der Makroerstellung und die Anwendung der in diesem Kapitel besprochenen Makrofunktionen verstanden haben. Lösungshinweise befinden sich
im Anhang.

ÜBUNGEN

(1)

Schreiben und dokumentieren Sie ein Makro, um von der Makrovorlage zur Tabelle zu wechseln. Nehmen Sie das in diesem Kapitel erstellte Makro "Aktivieren_Makrovorlage" als Grundlage.

Vergeben Sie den Tastenschlüssel STRG-t.

Beginnen Sie die Erstellung des Makros damit, daß Sie in das Feld A44 der Makrovorlage den Text "Aktivieren_Tabelle" eintragen. Nachdem Sie das Makro erstellt haben, können Sie durch STRG-t zur Tabelle und durch *STRG-M* zur Makrovorlage wechseln. Vergessen Sie nicht, das Makro zu dokumentieren.

(2)

Die Makrofunktion

DATEI.SCHLIESSEN(Speichern_Wahrheitswert)

entspricht der Befehlsfolge **Datei - Schließen**. Sie schließt die aktive Datei. *Speichern_Wahrheitswert* teilt Excel mit, was mit ungespeicherten Änderungen in der Datei im aktiven Fenster gemacht werden soll:

wahr   Datei wird gespeichert

falsch   Datei wird nicht gespeichert

Ohne Angabe   Anzeige einer Warnung mit der Frage, ob die Datei gespeichert gespeichert werden soll

Schreiben und dokumentieren Sie ein Makro, welches das aktive Fenster schließt. Auf die Angabe eines Parameters soll verzichtet werden.

Vergeben Sie den Tastenschlüssel STRG-f.

(3)

Schreiben und dokumentieren Sie ein Makro, das Sie von jeder beliebigen Position der Tabelle oder Makrovorlage zum Feld A42 der Makrovorlage bringt.

Dieses Makro besteht aus 2 Befehlen. Im ersten Schritt müssen Sie die Makrovorlage aktivieren. Im zweiten Schritt erfolgt über **FORMEL.GEHEZU** der Sprung.

Feld A42 soll sich nach Ausführung des Makros immer am linken oberen Bildschirmrand befinden. Sie müssen daher beim Aufruf von **FORMEL.GEHEZU**
zwei Parameter übergeben. Verwenden Sie den Tastenschlüssel STRG-p.

(4)

Schreiben und dokumentieren Sie ein Makro, das den Bereich

   A1 bis B18

der Makrovorlage ausdruckt. Verwenden Sie als Tastenschlüssel STRG-b. Im ersten Schritt muß die Makrovorlage aktiviert werden.

2 ARBEITEN MIT AUSWAHLBILDERN

Nehmen wir an, der Assistent des Personalchefs erhält die Aufgabe, mit Hilfe von Excel Arbeitsblätter zu erstellen, die Auskunft über den aktuellen Personalbestand des Unternehmens geben. Der Personalchef weist darauf hin, daß die Personaldaten im Verlaufe eines Jahres häufigen Änderungen unterliegen, die z.B. auf innerbetriebliche Wechsel oder Einstellung neuer Mitarbeiter zurückzuführen sind.

Der Assistent wird beauftragt, zur Verfolgung des Personalbestandes ein System zu entwickeln, das nach Fertigstellung nur noch minimalen Aufwand verursacht. Der Personalchef möchte darüber hinaus selbst mit dem System arbeiten und bei Abwesenheit des Assistenten in der Lage sein, "per Knopfdruck" die aktuellen Personaldaten zu erhalten.

ZIELE DES KAPITELS

Wir werden zunächst ein Arbeitsblatt mit den vom Personalchef gewünschten Personaldaten vorstellen. Anschließend werden wir zeigen, wie der spätere Umgang mit dem Arbeitsblatt durch Einsatz von Makros vereinfacht werden kann.

Sie werden dabei erfahren, wie man mit Hilfe von **Auswahlbildern** die erstellten Makros zu einer übersichtlichen Anwendung zusammenfassen kann. Die Anwendung wird den Personalchef auch ohne ausgeprägte Excel-Kenntnisse in die Lage versetzen, sich die gewünschten Daten selbst zu beschaffen.

Weiterhin werden wir noch einmal auf die Arbeitsweise befehlsäquivalenter Makrofunktionen eingehen. Schließlich erfahren Sie, was ein Autoexec-Makro ist, und welche Möglichkeiten Excel bietet, Makros zu testen.

Im letzten Abschnitt des Kapitels werden Sie die Arbeitsweise einiger spezieller Makrofunktionen, auf die wir in späteren Kapiteln zurückgreifen werden, kennenlernen.

Abbildung 2.1: Übersicht Personalbestand

A	B	C	D	E	F	G	H	I	J	K	L	M
1												
2	B E I S P I E L A G			:		A B T E I L U N G E N						
3	Übersicht Personalstand			:								
4	– 1992 –			:	REWE	EINK	DV	VERK	L&G	PROD	GESAMT	
5												
6	Bestand Ende Vorjahr			:	68	60	43	75	40	512	798	
7												
8			: Neueinstellungen	:	1	2	4	3	2	11	23	
9	Z U –		: Übernahme Azubis	:	2	1	2	1	0	9	15	
10	gänge		: innerbetr. Wechsel	:	3	0	3	1	0	6	13	
11			: sonstige Zugänge	:	0	0	0	0	0	2	2	
12			: Summe	:	6	3	9	5	2	28	53	
13												
14			: Kündigung	:	1	1	5	2	0	7	16	
15	A B –		: natürl. Abgänge	:	8	1	0	1	0	6	16	
16	gänge		: innerbetr. Wechsel	:	1	0	1	0	0	2	4	
17			: sonstige Abgänge	:	3	1	0	0	0	1	5	
18			: Summe	:	13	3	6	3	0	16	41	
19												
20	Veränderung Personalstand			:	–7	0	3	2	2	12	12	
21												
22	Bestand Ende Planjahr			:	61	60	46	77	42	524	810	
23												
24			Personalbedarf	:	60	55	50	75	35	515	790	
25												
26			Fehlbedarf	:			4				4	
27				:								
28			Überhang	:	1	5		2	7	9	24	
29												

DAS ARBEITSBLATT

Abbildung 2.1 zeigt das Arbeitsblatt mit der Übersicht des Personalbestandes. Dieses Arbeitsblatt ist in der Datei

2BESTAND.XLS

gespeichert. Laden Sie das Arbeitsblatt mit Hilfe der Befehlsfolge **Datei - Öffnen**.

Die Daten folgender Abteilungen sind zu berücksichtigen:

o Rechnungswesen;
o Einkauf;
o Organisation und Datenverarbeitung;
o Verkauf;
o Lohn- und Gehaltswesen;
o Produktion.

Um das Arbeitsblatt erstellen zu können, benötigt der Personalchef von jeder Abteilung folgende aktuelle Informationen:

o Personalbestand Ende Vorjahr (1);

o Zugänge, aufgeteilt nach
   Neueinstellungen (2),
   Übernahme Azubis (3),
   innerbetriebliche Wechsel (4) und
   sonstige Zugänge (5);

o Abgänge, aufgeteilt nach
   Kündigungen (6),
   natürliche Abgänge (7),
   innerbetriebliche Wechsel (8) und
   sonstige Abgänge (9);

o Personalbedarf (10).

Damit keine manuellen Eingaben in unserem Arbeitsblatt erforderlich sind, sollen die 10 Zahlenwerte pro Abteilung aus anderen Dateien eingelesen und über Formeln in die entsprechenden Felder des Arbeitsblattes kopiert werden.

Wir richten dazu innerhalb der Datei 2BESTAND.XLS eine Hilfstabelle ab Zeile 41 ein (s. Abbildung 2.2). Diese Tabelle enthält die pro Abteilung benötigten Zahlenwerte. Die Zahlenwerte sind über Formeln mit unserem Arbeitsblatt verknüpft, so daß sich die Feldinhalte aus Zahlenwerten der Hilfstabelle und Berechnungen innerhalb des Arbeitsblattes ergeben.

Beispielsweise erhält Feld F6 seinen Wert *68* über die Formel

$$= +F41.$$

Feld F41 gehört zur Hilfstabelle und speichert für die Abteilung *Rechnungswesen* den Wert "Bestand Ende Vorjahr".

Folgende Dateien speichern die Personalzahlen der einzelnen Abteilungen:

o 2REWE . XLS,
o 2EINK . XLS,
o 2DV . XLS,
o 2VERK . XLS,
o 2LG . XLS,
o 2PROD . XLS.

Laden Sie beispielsweise mit Hilfe der Befehlsfolge **Datei - Öffnen** die Datei 2REWE.XLS. Sie stellen fest, daß die Datei nur 10 Zahlenwerte speichert. Diese sind mit den Werten der Hilfstabelle identisch.

Abbildung 2.2: Hilfstabelle

	D	E	F	G	H	I	J	K
40			REWE	EINK	DV	VERK	L&G	PROD
41	Bestand Ende Vorjahr		68	60	43	75	40	512
42	Neueinstellungen		1	2	4	3	2	11
43	Übernahme Azubis		2	1	2	1	0	9
44	Innerbetr. Wechsel		3	0	3	1	0	6
45	Sonst. Zugänge		0	0	0	0	0	2
46	Kündigung		1	1	5	2	0	7
47	Natürl. Abgänge		8	1	0	1	0	6
48	Innerbetr. Wechsel		1	0	1	0	0	2
49	Sonst. Abgänge		3	1	0	0	0	1
50	Personalbedarf		60	55	50	75	35	515

Datenaustausch zwischen zwei Dateien

Um Daten zwischen den Dateien 2BESTAND.XLS und 2REWE.XLS austauschen zu können, müssen Sie zunächst beide Dateien geladen haben. Öffnen Sie das Menü **Fenster** und prüfen Sie, ob die Namen beider Dateien im unteren Teil des Dialogfensters angezeigt werden. Falls nicht, müssen Sie die noch fehlende Datei mit Hilfe der Befehlsfolge **Datei - Öffnen** in den Arbeitsspeicher laden.

Der Austausch von Daten zwischen zwei Dateien erfolgt in mehreren Schritten:

o   Laden der entsprechenden Tabellen und Aktiveren der Tabelle, aus der Daten kopiert werden sollen.

o   Auswählen der zu kopierenden Felder und Wählen der Befehlsfolge **Bearbeiten - Kopieren.**

o   Aktivieren der Anwendung(en), in die die Daten kopiert werden sollen.

o   Auswählen der Stelle(n), an der die Daten eingefügt werden sollen und Wählen der Befehlsfolge **Bearbeiten - Einfügen.**

Vollziehen Sie folgende Befehlsfolge nach:

o   Nachdem Sie beide Tabellen geladen haben, wechseln Sie nach 2REWE.XLS.

o   Markieren Sie mit Hilfe der Maus oder der Pfeiltasten den Bereich der zehn Werte, d.h. den Bereich von A1 bis A10 und wählen Sie die Befehlsfolge **Bearbeiten - Kopieren.** Diese Befehlsfolge kopiert die Werte des markierten Bereiches in einen Zwischenspeicher, der später wieder abgerufen werden kann.

o   Wechseln Sie nach 2BESTAND.XLS.

o   Bewegen Sie den Cursor nach Feld F41. Wählen Sie die Befehlsfolge **Bearbeiten - Einfügen.** Diese Befehlsfolge kopiert den Inhalt des Zwischenspeichers nach 2BESTAND.XLS. Da sich die Werte der Hilfstabelle und der Datei 2REWE.XLS momentan nicht unterscheiden, ergeben sich für unser Arbeitsblatt keine Auswirkungen.

Wir werden später in diesem Kapitel ein Makro schreiben, welches diesen Datenaustausch automatisch für uns erledigt.

Warum Auswahlbilder?

Wir haben im ersten Kapitel eine Reihe von Makros erstellt, die gewisse Verarbeitungsschritte durchführen und den Anwender von Schreibarbeit befreien. Wenn ein Anwender längere Zeit nicht mit dem Arbeitsblatt gearbeitet hat, wird er möglicherweise die Tastenkombinationen, die er bei der Erstellung der Makros verwendet hat, nicht mehr kennen, und er muß zunächst die Dokumentation heranziehen (sofern diese überhaupt vorhanden ist), um sich an bestimmte Makros wieder erinnern zu können. Gleiches gilt für einen Anwender, der das Arbeitsblatt nicht erstellt hat, es aber gelegentlich für bestimmte Aufgaben nutzen will.

Die Lösung dieses Problems besteht darin, dem Anwender gleich eine Übersicht über sämtliche Makros zu geben, aus der er die benötigten Makros auswählen kann. Wir haben eine solche Übersicht bereits erstellt (s. Abbildung 2.3).

Abbildung 2.3: Auswahlbild

```
        T         U            V               W               X         Y
 1  ============================================================================
 2  : Beispiel AG    :    Personal-      :     Datei - 2BESTAND        :
 3  :                :    bestand        :     Datum - 3.6.92          :
 4  :---------------------------------------------------------------------- :
 5  :           Tastendruck              Makro                              :
 6  :           ------------------------------------------------            :
 7  :           STRG-s                   Sprung zur Tabelle                 :
 8  :           STRG-x                   Beenden von Excel                  :
 9  :           Aktualisieren des Arbeitsblattes                           :
10  :           STRG-r                   Rechnungswesen                     :
11  :           STRG-e                   Einkauf                           :
12  :           STRG-d                   Datenverarbeitung                  :
13  :           STRG-v                   Verkauf                           :
14  :           STRG-l                   Lohn & Gehalt                      :
15  :           STRG-p                   Produktion                        :
16  :---------------------------------------------------------------------- :
17  :           STRG-w                   Zurück zur Auswahl                 :
18  ============================================================================
```

Bewegen Sie den Cursor zum Auswahlbild nach Feld X3. Dieses Feld enthält eine Funktion, die wir bislang noch nicht besprochen haben. Die Funktion

=JETZT()

liefert als Ergebnis die serielle Zahl des aktuellen Datums und der aktuellen Uhrzeit entsprechend der Systemuhr Ihres Computers. Dieser Wert wird bei jeder Neuberechnung der Tabelle aktualisiert.

Mit Hilfe der Befehlsfolge **Format - Zahlenformat** können Sie ein Ihren Vorstellungen entsprechendes Format für die Anzeige des Datums und/oder der Uhrzeit festlegen. Wir haben für das Feld X3 das Format

T.M.JJ

ausgewählt.

Die weiteren in 2BESTAND.XLS verwendeten Formeln und Funktionen sind Ihnen bereits aus dem ersten Kapitel bekannt. Auf weitere Erklärungen haben wir daher an dieser Stelle verzichtet.

Kommen wir damit zur Erstellung der Makros!

ERSTELLEN DER MAKROS

Die Reihenfolge bei der Makro-Erstellung ist grundsätzlich unabhängig von der Reihenfolge der Makros im Auswahlbild. Während man die Reihenfolge bei der Erstellung davon abhängig machen sollte, welche Makros zuerst (d.h. bereits während der Erstellungsphase) benötigt werden, sollte sich die Reihenfolge der Makros im Auswahlbild vielleicht an der zu erwartenden Einsatzhäufigkeit der Makros orientieren.

Wir beginnen mit einem Makro, das im Auswahlbild **nicht** aufgeführt ist. Dieses Makro soll folgende Aufgaben erfüllen:

o Laden der zur Anwendung gehörenden Dateien (von 2REWE.XLS bis 2PROD.XLS).

o Springen zum Auswahlbild, um sofort einen Überblick über die zur Verfügung stehenden Makros zu erhalten.

Richten Sie zunächst die Makrovorlage ein.

Geben Sie ein: *Befehl:*

ALT-D   *Menü Datei*
N   *Neu*
M   *Makrovorlage*
RETURN-Taste   *Bestätigen des Befehls*
ALT-D   *Menü Datei*
U   *Speichern unter*
2Bestand   *Namen der Makrovorlage eingeben*
RETURN-Taste   *Bestätigen des Befehls*

Nach Eingabe dieser Befehlsfolge befinden Sie sich in Feld A1 der neuerstellten Makrovorlage 2BESTAND.XLM. Legen Sie für Spalte A mit Hilfe der Befehlsfolge **Format - Spaltenbreite** eine Breite von 22 fest. Tragen Sie anschließend in das Feld A1 den Text "Beginn" ein.

In das Feld A2 tragen Sie bitte

$$=\text{ÖFFNEN}(\text{"2rewe.xls"})$$

ein. Die Makrofunktion

ÖFFNEN(Dateitext)

entspricht der Befehlsfolge **Datei - Öffnen**. Abbildung 2.4 zeigt das vollständige Makro. Schreiben Sie das Makro sowie die erläuternden Texte so, wie wir es in der Abbildung angegeben haben.

Abbildung 2.4: Das erste Makro

	A	B
1	Beginn	STRG-b
2	=ÖFFNEN("2rewe.xls")	Laden Abteilungsdaten
3	=ÖFFNEN("2eink.xls")	
4	=ÖFFNEN("2dv.xls")	
5	=ÖFFNEN("2verk.xls")	
6	=ÖFFNEN("2lg.xls")	
7	=ÖFFNEN("2prod.xls")	
8	=AKTIVIEREN("2bestand.xls")	Aktivieren 2BESTAND
9	=FORMEL.GEHEZU("z1s20";WAHR)	Sprung zur Auswahl
10	=RÜCKSPRUNG()	Ende des Makros

Sie können an die Funktion **ÖFFNEN** weitere Parameter übergeben, beispielsweise können Sie festlegen, ob die Datei beim Laden einen Schreibschutz erhalten soll. Für unsere Zwecke reicht der Parameter **Dateitext** aus. Eine vollständige Beschreibung bietet das Handbuch.

Bewegen Sie den Cursor anschließend nach Feld A1. In dieses Feld hatten Sie soeben "Beginn" eingetragen. Um das Makro später ausführen zu können, müssen wir ihm vorab einen Namen und einen Tastenschlüssel zuweisen.

Geben Sie ein:	*Befehl:*
ALT-R	*Formel*
F	*Namen festlegen*
TAB	*Sprung ins nächste Feld*
TAB	*Sprung ins nächste Feld*
TAB	*Sprung ins nächste Feld*
B	*Option Befehl*
TAB	*Sprung ins nächste Feld*
b	*Tastenschlüssel eingeben*
RETURN-Taste	*Bestätigen des Befehls*

Wenn Sie sicher sind, daß die sechs Dateien auf Ihrer Festplatte gespeichert sind, können Sie das Makro starten. Wechseln Sie zur Tabelle und rufen Sie das Makro durch Drücken von STRG-b auf.

Wenn Sie das Makro später ein zweites Mal aufrufen, versucht Excel, die Dateien erneut zu laden. Sie werden jeweils gefragt "Auf gespeicherte *Dateiname* zurückgreifen?" Drücken Sie in einem solchen Fall einfach die RETURN-Taste.

Wenn das Makro mit einem Fehlerhinweis abbricht, prüfen Sie, ob Sie bei der Eingabe einen Fehler gemacht haben. Für den Fall, daß Sie die Dateien von einem Diskettenlaufwerk einlesen wollen, müssen Sie den Laufwerksbuchstaben mit angeben, z.B.:

=ÖFFNEN("A:2rewe.xls")

Um die Arbeit weiter zu vereinfachen, wäre es sehr nützlich, wenn Excel dieses Makro unmittelbar nach dem Laden von 2BESTAND.XLS selbst zur Ausführung bringen könnte. Excel bietet zu diesem Zweck folgende Möglichkeit:

Wir müssen einem beliebigen Feld der Tabelle mit Hilfe der Befehlsfolge **Formel - Namen festlegen** den Namen *Auto_Öffnen* zuordnen und auf das Makro, das wir ausführen wollen, verweisen.

Bewegen Sie innerhalb der Tabelle den Cursor nach Feld A1 und vollziehen Sie folgende Befehlsfolge nach (das einfache Anführungszeichen für den Verweis auf das Makro befindet sich auf der Standardtastatur rechts neben dem Buchstaben *ä*).

Geben Sie ein:	*Befehl:*
ALT-R	*Formel*
F	*Namen festlegen*
auto_öffnen	*Eingabe des Namens*
TAB	*Sprung ins Feld "Zugeordnet zu"*
='2bestand.xlm'!a1	*Verweis auf das Makro*
RETURN-Taste	*Bestätigen des Befehls*

Für den Fall, daß Sie das einfache Anführungszeichen auf Ihrer Tastatur nicht finden, können Sie es auch durch gleichzeitiges Drücken der ALT-Taste und der Zahl 39 (auf dem Ziffernblock rechts auf der Tastatur) eingeben.

Es gibt eine zweite Möglichkeit, um einen Verweis auf die Makrovorlage zu realisieren. Diese Variante setzt das Vorhandensein einer Maus voraus. Wenn Sie die Befehlsfolge **Formel - Namen festlegen** gewählt, den Namen *Auto_Öffnen* eingegeben und den Cursor zum Feld "Zugeordnet zu" bewegt haben, können Sie mit Hilfe der Maus das Menü **Fenster** öffnen, die Makrovorlage aktivieren und den Mauszeiger nach Feld A1 bringen.

Nachdem Sie die linke Maustaste betätigt haben, überträgt Excel die Adresse automatisch in das Feld "Zugeordnet zu". Durch Drücken der RETURN-Taste schließen Sie das Dialogfenster wieder.

Damit haben wir unserer Tabelle "mitgeteilt", daß nach dem Laden automatisch das Makro, das in Feld A1 der Makrovorlage beginnt, ausgeführt werden soll.

Probieren Sie aus, ob unser **Autoexec-Makro** funktioniert (ein Autoexec-Makro wird bei jedem Laden - Name *Auto_Öffnen* - oder Schließen - Name *Auto_Schließen* - einer bestimmten Datei ausgeführt). Speichern Sie die Datei (Befehlsfolge **Datei - Speichern**) und verlassen Sie über die Befehlsfolge **Datei - Beenden** Excel. Drücken Sie die auf die Frage, ob Sie die Änderungen speichern wollen, die RETURN-Taste.

Rufen Sie anschließend Excel wieder auf und laden Sie die Datei 2BESTAND.XLS. Durch den Verweis auf das Feld A1 der Makrovorlage wird zusätzlich das Makro "Beginn" aktiviert. Excel lädt daraufhin die Makrovorlage und die sechs Dateien unserer Anwendung.

Testen von Makros

Nicht immer funktionieren Makros so, wie wir es uns wünschen. Leider ist es mitunter schwierig, die genaue Fehlerursache herauszufinden. Um Makros zu testen, bietet Excel die Möglichkeit, ein Makro schrittweise ablaufen zu lassen.

Ein Makro "schrittweise" ablaufen zu lassen bedeutet, daß Excel die in einem Feld der Makrovorlage gegebenen Anweisungen ausführt, anschließend die Ausführung unterbricht und ein Dialogfeld anzeigt, bevor es zum nächsten Feld übergeht. Auf diese Weise erhalten Sie Gelegenheit, sämtliche Eingaben auf dem Bildschirm zu prüfen, und Sie können sich überzeugen, daß die Makros auch in der gewünschten Reihenfolge ausgeführt werden.

Wechseln Sie zur Makrovorlage, bewegen Sie den Cursor nach Feld C1 und tragen Sie in dieses Feld "Einzelschritt" ein. Schreiben Sie anschließend das Makro, so wie wir es in Abbildung 2.5 angegeben haben.

Abbildung 2.5: Makro Einzelschritt

	C	D
1	Einzelschritt	STRG-t
2	=EINZELSCHRITT()	Aktivieren Einzelschritt
3	=MAKRO.AUSFÜHREN?()	Aufrufen Makro
4	=RÜCKSPRUNG()	Ende des Makros

Um den gesamten Feldinhalt einsehen zu können, legen Sie für Spalte C über die Befehlsfolge **Format - Spaltenbreite** eine Breite von 30 Zeichen fest.

Bewegen Sie anschließend den Cursor nach Feld C1 und vergeben Sie für das Makro einen Namen und einen Tastenschlüssel.

Geben Sie ein: *Befehl:*

ALT-R   *Formel*
F   *Namen festlegen*
TAB   *Sprung ins nächste Feld*
TAB   *Sprung ins nächste Feld*
TAB   *Sprung ins nächste Feld*
B   *Option Befehl*
A   *Option Taste*
t   *Tastenschlüssel eingeben*
RETURN-Taste   *Bestätigen des Befehls*

Die Makrofunktion

EINZELSCHRITT()

leitet das schrittweise Abarbeiten eines Makros ein. Nach jedem Schritt wird ein Dialogfeld mit den Optionen **Schritt, Auswerten, Stop, Gehezu, Überspringen, Pause, Weiter** und **Hilfe.** angezeigt.

Wenn Sie **Hilfe** wählen, erhalten Sie Informationen zu den einzelnen Optionen. Option **Schritt** bewirkt beispielsweise das Ausführen des nächsten Schrittes, **Stop** hält das Makro an, **Gehezu** springt zum aktuellen Makrobefehl und **Weiter** setzt das Makro ohne schrittweise Ausführung fort.

Die Makrofunktionen

MAKRO.AUSFÜHREN(Bezug;Schrittweite)

bzw.

MAKRO.AUSFÜHREN?(Bezug;Schrittweite)

entsprechen der Befehlsfolge **Makro - Ausführen**. Auf die Angabe der Parameter haben wir verzichtet. Das Fragezeichen bewirkt, daß ein Dialogfenster mit den in unserer Makrovorlage gespeicherten Makros angezeigt wird.

Bezug ist ein Bezug auf das auszuführende Makro; **Schrittweite** ist ein Wahrheitswert, der festlegt, ob das Makro im Einzelschritt-Modus ablaufen soll. Da wir bereits über die Funktion **EINZELSCHRITT** den Einzelschritt-Modus aktiviert haben, können wir hier auf die Angabe des Parameters **Schrittweite** verzichten.

Probieren wir das schrittweise Ausführen eines Makros aus! Wechseln Sie zur Tabelle und starten Sie das Makro "Einzelschritt" durch Drücken von STRG-t. Die Makroausführung stoppt und Sie müssen zwischen den obigen Optionen wählen. Da wir das gesamte Makro schrittweise abarbeiten wollen, geben Sie jeweils **Schritt** ein, bzw. drücken Sie einfach die RETURN-Taste.

Es wird ein Dialogfenster mit den erstellten Makros angezeigt. Drücken Sie ALT-A, um in das Dialogfeld zu springen, das die Makronamen enthält. Wählen Sie mit Hilfe der Pfeiltasten das Makro "Beginn" aus und drücken Sie, wenn Excel die Eintragung in das Dialogfeld **Bezug** vorgenommen hat, die RETURN-Taste.

Drücken Sie einige Male die RETURN-Taste. Zwischendurch erscheint immer wieder die Frage, ob auf die gespeicherte Datei zurückgegriffen werden soll. Durch Drücken der RETURN-Taste bestätigen Sie die Frage. Die Makrobefehle werden schrittweise ausgeführt. So können Sie den Ablauf des Makros genau rekonstruieren. Drücken Sie jetzt so oft die RETURN-Taste, bis Excel das gesamte Makro abgearbeitet hat.

Die bisher in diesem Buch erstellten Makros haben einen einfachen Aufbau, so daß kein wirklicher Bedarf besteht, sie auf diese Art zu testen. In späteren Kapitel werden wir auch umfangreichere Makros erstellen, bei denen sich der Einsatz der Makrofunktion **EINZELSCHRITT()** lohnen wird.

Makro: Sprung zur Auswahl

Dieses Makro soll bewirken, daß Sie unabhängig von der aktuellen Cursorposition nach Drücken von STRG-w zum Auswahlbild gelangen. Obgleich das Makro im Auswahlbild zuletzt aufgeführt ist, ziehen wir es vor, weil wir es bereits während der Erstellungsphase gut verwenden können.

Wechseln Sie zur Makrovorlage und bewegen Sie den Cursor nach Feld A15. Tragen Sie in dieses Feld "Sprung_Auswahl" ein. Schreiben Sie anschließend das Makro, so wie in der Abbildung 2.6 angegeben.

Abbildung 2.6: Makro Sprung zur Auswahl

	A	B
15	Sprung_Auswahl	STRG-w
16	=AKTIVIEREN("2bestand.xls")	Aktivieren Tabelle
17	=FORMEL.GEHEZU("z1s20";WAHR)	Sprung zur Auswahl
18	=RÜCKSPRUNG()	Ende des Makros

Nachdem Sie das Makro geschrieben haben, müssen wir ihm einen Namen und einen Tastenschlüssel zuweisen. Bewegen Sie den Cursor nach Feld A14. In dieses Feld hatten Sie soeben den Text "Sprung_Auswahl" eingetragen. Vollziehen Sie die folgende Befehlsfolge nach!

Geben Sie ein:	*Befehl:*
ALT-R	*Formel*
F	*Namen festlegen*
TAB	*Sprung ins nächste Feld*
TAB	*Sprung ins nächste Feld*
TAB	*Sprung ins nächste Feld*
B	*Option Befehl*
TAB	*Sprung ins nächste Feld*
w	*Tastenschlüssel eingeben*
RETURN-Taste	*Bestätigen des Befehls*

Prüfen Sie, ob das Makro funktioniert! Nach Aufruf des Makros durch STRG-w müßte sich das Auswahlbild zentriert auf dem Bildschirm befinden, unabhängig davon, wo sich vorher der Cursor befand. Wechseln Sie beispielsweise zur Datei 2REWE.XLS und rufen Sie aus dieser Tabelle erneut das Makro auf.

Makro: Sprung zur Tabelle

Dies ist ein sehr einfaches Makro. Es soll lediglich bewirken, daß Sie unabhängig von der aktuellen Cursorposition nach Feld A1 der Tabelle gelangen.

Wechseln Sie zur Makrovorlage und tragen Sie in das Feld A23 den Text "Sprung_Tabelle" ein. Geben Sie anschließend das Makro sowie die erläuternden Texte so ein, wie wir es in der Abbildung 2.7 vorgegeben haben.

Abbildung 2.7: Makro Sprung zur Tabelle

	A	B
23	Sprung_Tabelle	STRG-s
24	=AKTIVIEREN("2bestand.xls")	Aktivieren Tabelle
25	=AUSWÄHLEN("z1s1")	Sprung nach A1
26	=RÜCKSPRUNG()	Ende des Makros

Bewegen Sie anschließend den Cursor nach Feld A23. In dieses Feld hatten Sie soeben den Text "Sprung_Tabelle" eingetragen. Vollziehen Sie folgende Befehlsfolge nach, um dem Makro einen Namen und einen Tastenschlüssel zuzuweisen.

Geben Sie ein:	*Befehl:*
ALT-R	*Formel*
F	*Namen festlegen*
TAB	*Sprung ins nächste Feld*
TAB	*Sprung ins nächste Feld*

TAB	*Sprung ins nächste Feld*
B	*Option Befehl*
TAB	*Sprung ins nächste Feld*
s	*Tastenschlüssel eingeben*
RETURN-Taste	*Bestätigen des Befehls*

Damit hat unser Makro den Namen "Sprung_Tabelle" und den Tastenschlüssel "s" erhalten.

Probieren Sie aus, ob das Makro funktioniert: Nach Drücken von STRG-s müßte sich der Cursor im Feld A1 der Tabelle befinden.

Makro: Aktualisieren Rechnungswesen

Nehmen wir an, daß sich Daten der Abteilung *Rechnungswesen* geändert haben. Unsere Personalabteilung erhält daraufhin eine geänderte Version der Datei 2REWE.XLS. Das nächste Makro bewirkt, daß die neuen Daten in die entsprechenden Felder der Tabelle 2BESTAND.XLS kopiert werden.

Wechseln Sie zur Makrovorlage und bewegen Sie den Cursor nach Feld A30. Tragen Sie in dieses Feld den Text "Rewe" ein. Schreiben Sie anschließend das Makro und die erläuternden Texte so, wie wir es in Abbildung 2.8 angegeben haben.

Abbildung 2.8: Makro Aktualisieren Rechnungswesen

	A	B
30	Rewe	STRG-r
31	=AKTIVIEREN("2rewe.xls")	Aktivieren 2REWE
32	=AUSWÄHLEN("z1s1:z10s1")	Bereich auswählen
33	=KOPIEREN()	Kopieren
34	=AUSWÄHLEN("z1s1")	Markierung aufheben
35	=AKTIVIEREN("2Bestand.xls")	Aktivieren 2BESTAND
36	=AUSWÄHLEN("z41s6")	Sprung nach F41
37	=EINFÜGEN()	E i n f ü g e n
38	=ABBRECHEN.KOPIEREN()	Abbrechen Kopieren
39	=MAKRO.AUSFÜHREN('2BESTAND.XLM'!$A$15)	Aufruf "Sprung_Auswahl"
40	=RÜCKSPRUNG()	Ende des Makros

Beachten Sie, daß Sie beim Aufruf der Makrofunktion **MAKRO.AUSFÜHREN** wieder die einfachen Anführungszeichen verwenden müssen.

Bewegen Sie den Cursor nach Feld A30. In dieses Feld hatten Sie soeben den Text "Rewe" eingetragen. Vergeben Sie schließlich für das Makro einen Namen und einen Tastenschlüssel.

Geben Sie ein:	*Befehl:*
ALT-R	*Formel*
F	*Namen festlegen*
TAB	*Sprung ins nächste Feld*
TAB	*Sprung ins nächste Feld*
TAB	*Sprung ins nächste Feld*
B	*Option Befehl*
TAB	*Sprung ins nächste Feld*
r	*Tastenschlüssel eingeben*
RETURN-Taste	*Bestätigen des Befehls*

Das eben erstellte Makro führt folgende Schritte aus:

o Es wechselt zur Tabelle 2REWE.XLS und markiert den Bereich von A1 bis A10.

o Es stellt den markierten Bereich mit Hilfe der Makrofunktion **KOPIEREN()** in den Zwischenspeicher.

o Es wechselt zur Tabelle 2BESTAND.XLS.

o Es fügt den Inhalt des Zwischenspeichers mit Hilfe der Makrofunktion **EIN-FÜGEN()** in die entsprechenden Felder der Tabelle 2BESTAND.XLS ein.

o Es ruft das Makro "Sprung_Auswahl" auf, um den Cursor wieder zum Auswahlbild zu bringen.

Einige der in diesem Makro verwendeten Funktionen kennen Sie bereits. Kommen wir zu den neuen Funktionen. Die Makrofunktion

KOPIEREN(Von_Bezug;Zu_Bezug)

entspricht der Befehlsfolge **Bearbeiten - Kopieren**. Fehlen **Von_Bezug** und **Zu_Bezug**, wird für diese Argumente der aktuell markierte Bereich angenommen.

Nachdem Sie einen Tabellenbereich markiert haben, stellt die Befehlsfolge **Bearbeiten - Kopieren** den markierten Bereich in einen Zwischenspeicher. Mit Hilfe der Befehlsfolge **Bearbeiten - Einfügen** können Sie den Inhalt des Zwischenspeichers wieder aktivieren.

Sie hatten beide Befehle zu Beginn des Kapitels einmal ausprobiert. Die der Befehlsfolge **Bearbeiten - Einfügen** entsprechende Makrofunktion heißt

EINFÜGEN(Zu_Bezug).

Die Makrofunktion

ABBRECHEN.KOPIEREN(Wahrheitswert)

entspricht dem Löschen des Laufrahmens mit der ESC-Taste, nachdem Sie einen Tabellenbereich kopiert oder ausgeschnitten haben. Die Makrofunktion **ABBRECHEN.KOPIEREN()** schließt den Kopierbefehl ab (**Wahrheitswert** steht nur in Excel für den Macintosh zu Verfügung).

Die Makrofunktion **MAKRO.AUSFÜHREN** entspricht der Befehlsfolge **Makro - Ausführen**. Beim Aufruf dieser Funktion haben wir einen Bezug zum Makro "Sprung_Auswahl" der Makrovorlage "2BESTAND.XLM" hergestellt. Anstelle der Feldangabe hätten wir ebenso den Makronamen "Sprung_Auswahl" einsetzen können.

Normalerweise liest Excel die Felder eines Makros in einer Spalte von oben nach unten. Mit der Makrofunktion **MAKRO.AUSFÜHREN** kann man die Reihenfolge der Makro-Ausführung ändern. Excel springt zu dem angegebenen Feld und setzt dort die Makroausführung fort. Der Vorteil dieser Vorgehensweise liegt darin, daß wir die Befehle, die den Sprung zum Auswahlbild realisieren, nicht erneut eingeben müssen.

Im fünften Kapitel werden wir auf diese Thematik ausführlich eingehen, wenn wir die Einsatzmöglichkeiten von Makros als **Unterprogramme** besprechen.

Befehlsäquivalente Makrofunktionen

Makros können immer dann sinnvoll eingesetzt werden, wenn Sie eine bestimmte Aufgabe mehrfach ausführen wollen. Da zwei Tasten zur Ausführung eines Makros genügen, kann selbst die Erstellung relativ kleiner Makros zu einer Zeitersparnis führen.

Die bisher in diesem Buch vorgestellten Makros entsprachen Befehlsfolgen, die Sie ebenso auf "normale" Art hätten eingeben können. Es handelt sich hierbei um sogenannte *befehlsäquivalente Funktionen*, d.h. die Makrofunktionen entsprechen der Arbeitsweise "normaler" Befehle.

Nehmen wir als Beispiel die Befehlsfolge **Format - Zahlenformat**. Die entsprechende Makrofunktion lautet

FORMAT.ZAHLENFORMAT(Formattext)

Mit Hilfe dieser Funktion können Sie Felder entsprechend der Parameterangabe **Formattext** formatieren.

Wenn Sie die Befehlsfolge **Format - Zahlenformat** auf herkömmliche Art eingeben, öffnet Excel ein Dialogfenster und zeigt die möglichen Optionen an. Diese

Optionen können als Parameter an die Makrofunktion **FOR-MAT.ZAHLENFORMAT** übergeben werden, z.B.:

FORMAT.ZAHLENFORMAT("#.##0,000")

Dieser Befehl bewirkt, daß die markierten Felder eine Formatierung erhalten, die Tausenderpunkte und drei Nachkommastellen einschließt.

Betrachten wir ein zweites Beispiel: Die Makrofunktion

LAYOUT(Kopf;Fuß;Links;Rechts;Oben;Unten;Kopfbereiche;
Gitter;Horizontal;Vertikal;Ausrichtung;Papiergröße;
Skalierung;Seitennum;Druckreihenfolge;SchW_Zellen)

entspricht der Befehlsfolge **Datei - Seite einrichten**. Sie können über diese Befehlsfolge Druckausgaben Ihren Vorstellungen anpassen. **Kopf** und **Fuß** verlangen beispielsweise die Eingabe eines Textes (Kopf- bzw. Fußzeile), **Links**, **Rechts**, **Oben** und **Unten** legen die Seitenränder fest. Es ist nicht erforderlich, sämtliche Parameter zu übergeben, z.B.:

LAYOUT("Kopfzeile";"Fußzeile";;;;;WAHR;WAHR)

Dieser Befehl spezifiziert Parameter für die Kopf- und Fußzeile sowie für die beiden Optionsfelder **Kopfbereiche** und **Gitter**.

Die Arbeitsweise befehlsäquivalenter Funktionen ist immer gleich:

o sie entsprechen einem Befehl, den Sie ebenso aus dem "normalen" Excel-Menü auswählen können;

o beim Aufruf spezifizieren Sie Parameter, um die mit dem Befehl verbundenen Optionen festzulegen.

Wenn Sie hinter den Befehlsnamen ein Fragezeichen plazieren

LAYOUT?(Kopf;...)

öffnet Excel das entsprechende Dialogfenster und Sie können Werte noch einmal korrigieren.

Wir werden im Verlaufe dieses Buches noch eine Reihe befehlsäquivalenter Funktionen kennenlernen. Um einen vollständigen Überblick über die zur Verfügung stehenden Funktionen zu erhalten, sei an dieser Stelle auf das Handbuch verwiesen, das sämtliche Funktionen umreißt.

Makro: Beenden Excel

Die Makrofunktion

BEENDEN()

beendet die Arbeitssitzung mit Excel. Falls geladene Dateien ungespeicherte Änderungen enthalten, wird eine Meldung angezeigt, in der gefragt wird, ob die Dateien gespeichert werden sollen.

Das nächste Makro soll bewirken, daß die Arbeitssitzung mit Excel beendet wird. Bewegen Sie den Cursor innerhalb der Makrovorlage nach Feld A44 und tragen Sie in dieses Feld den Text "Beenden" ein. Schreiben Sie das Makro anschließend so, wie wir es in Abbildung 2.9 vorgegeben haben.

Abbildung 2.9: Makro Beenden

	A	B
44	Beenden	STRG-x
45	=BEENDEN()	Beenden von Excel
46	=RÜCKSPRUNG()	Ende des Makros

Nachdem Sie das Makro geschrieben haben, bewegen Sie den Cursor nach Feld A44. In dieses Feld hatten Sie soeben den Text "Beenden" eingetragen. Vollziehen Sie die folgende Befehlsfolge nach, um für das Makro einen Namen und einen Tastenschlüssel zu vergeben.

Geben Sie ein:	*Befehl:*
ALT-R	*Formel*
F	*Namen festlegen*
TAB	*Sprung ins nächste Feld*
TAB	*Sprung ins nächste Feld*
TAB	*Sprung ins nächste Feld*
B	*Option Befehl*
TAB	*Sprung ins nächste Feld*
x	*Tastenschlüssel eingeben*
RETURN-Taste	*Bestätigen des Befehls*

Fortan können Sie durch einfaches Drücken von STRG-x die Arbeitssitzung mit Excel beenden.

SPEZIELLE MAKROFUNKTIONEN

Wir wollen im folgenden die Funktionsweise einiger spezieller Makrofunktionen
erläutern. Vorab schreiben wir jedoch zwei Makros, die uns die Arbeit erleichtern werden: Das erste Makro soll bewirken, daß der Cursor innerhalb der Makrovorlage in das Feld springt, in das wir später unsere Makrobefehle eintragen
wollen.

Wechseln Sie zur Makrovorlage, bewegen Sie den Cursor nach Feld C8 und tragen Sie in dieses Feld den Text "Makro_Sprung" ein. Geben Sie anschließend das
Makro so ein, wie wir es in Abbildung 2.10 vorgegeben haben.

Abbildung 2.10: Makro "Makro_Sprung"

	C	D
8	Makro_Sprung	STRG-m
9	=AKTIVIEREN("2bestand.xlm")	Sprung nach C15 der
10	=FORMEL.GEHEZU("z15s3";WAHR)	Makrovorlage
11	=RÜCKSPRUNG()	

Nachdem Sie das Makro geschrieben haben, bewegen Sie den Cursor nach Feld
C8. In dieses Feld hatten Sie soeben den Text "Makro_Sprung" eingetragen.
Vergeben Sie für das neuerstellte Makro einen Namen und einen Tastenschlüssel.

Geben Sie ein: *Befehl:*

ALT-R   *Formel*
F   *Namen festlegen*
TAB   *Sprung ins nächste Feld*
TAB   *Sprung ins nächste Feld*
TAB   *Sprung ins nächste Feld*
B   *Option Befehl*
TAB   *Sprung ins nächste Feld*
m   *Tastenschlüssel eingeben*
RETURN-Taste   *Bestätigen des Befehls*

Der Aufruf des Makros bewirkt, daß der Cursor innerhalb der Makrovorlage auf
Feld C15 plaziert wird. Sie können fortan, unabhängig wo sich momentan der
Cursor befindet, durch Drücken von STRG-m zur Makrovorlage nach Feld C15
gelangen. Probieren Sie aus, ob das Makro funktioniert!

Sie können sich also durch Drücken von STRG-w zur Tabelle (zum Auswahlbild)
bzw. durch Drücken von STRG-m zur Makrovorlage gelangen.

Um die bisher in diesem Kapitel geschriebenen Makros nicht verändern zu müssen, sollen die speziellen Makrofunktionen von einem Hilfsmakro aufgerufen werden, welches wir im folgenden schreiben werden. Bewegen Sie innerhalb der Makrovorlage den Cursor nach Feld C16 und tragen Sie in dieses Feld den Text "Spezielle_Makrofunktionen" ein. Schreiben Sie das Hilfsmakro so, wie wir es in Abbildung 2.11 vorgegeben haben (die Beschreibung des Makros erfolgt später).

Abbildung 2.11: Spezielle Makrofunktionen

	C	D
16	Spezielle_Makrofunktionen	STRG-z - Hilfsmakro
17	=ECHO(FALSCH)	zur Darstellung spe-
18	=MAKRO.AUSFÜHREN('2BESTAND.XLM'!Rewe)	zieller Makrofunktionen
19	=RÜCKSPRUNG()	

Bewegen Sie anschließend den Cursor nach Feld C16. In dieses Feld hatten Sie soeben den Text "Spezielle_Makrofunktionen" eingetragen. Vergeben Sie für das Makro einen Namen und einen Tastenschlüssel.

Geben Sie ein: *Befehl:*

ALT-R   *Formel*
F   *Namen festlegen*
TAB   *Sprung ins nächste Feld*
TAB   *Sprung ins nächste Feld*
TAB   *Sprung ins nächste Feld*
B   *Option Befehl*
TAB   *Sprung ins nächste Feld*
z   *Tastenschlüssel eingeben*
RETURN-Taste   *Bestätigen des Befehls*

Damit haben wir die Vorbereitungen für die Beschreibung folgender Makrofunktionen abgeschlossen:

ECHO	**WARNUNG**
MELDUNG	**STOP**
SIGNAL	**ABBRECHEN.TASTE**
FEHLER	**GEHEZU**

Die Makrofunktion ECHO

Mit Hilfe der Makrofunktion

ECHO(Wahrheitswert)

wird die Bildschirmanzeige blockiert, d.h. es können Daten verarbeitet werden, ohne daß Änderungen, z.B. Sprünge innerhalb des Arbeitsblattes, auf dem Bildschirm sichtbar werden.

Ist **Wahrheitswert** *falsch*, wird die Bildschirmaktualisierung unterdrückt; bei *wahr* aktiviert Excel die Bildschirmaktualisierung. Wenn die Ausführung eines Makros endet, wird die Bildschirmaktualisierung neu aktiviert.

Excel benötigt bei der Ausführung von Makros einen Großteil der internen Verarbeitungszeit für das Aktualisieren der Bildschirmanzeigen. Die Unterdrückung der Bildschirmaktualisierung beschleunigt daher die Makroausführung.

Probieren Sie es aus! Unser eben erstelltes Makro unterdrückt die Bildschirmaktualisierung, anschließend wird mit Hilfe der Makrofunktion **MAKRO.AUSFÜHREN** das Makro "Rewe" aufgerufen und zur Ausführung gebracht.

Drücken Sie STRG-z, um das zuletzt erstellte Makro aufzurufen. Im Hintergrund läuft das Ihnen bereits bekannte Makro "Rewe" ab, mit der Ausnahme, daß während der Makroausführung keine Änderung der Bildschirmanzeige erfolgt. Erst nach Beendigung des Makros erscheint die aktuelle Bildschirmanzeige - in unserem Fall das Auswahlbild.

Nun rufen Sie das Makro "Rewe" durch Drücken von STRG-r direkt auf. Sämtliche Bildschirmwechsel werden wieder angezeigt. Die Makroausführung wird dadurch verzögert. Wenn Sie eine Stoppuhr zur Verfügung haben, testen Sie doch einmal, wie lange die Ausführung mit und ohne Aktualisierung der Bildschirmanzeige dauert.

Die Makrofunktion MELDUNG

Mit Hilfe der Makrofunktion

MELDUNG(Wahrheitswert;Text)

können Sie die Meldung in der Statuszeile am unteren Bildschirmrand verändern. Wenn **Wahrheitswert** *wahr* ist, zeigt Excel den Text im Meldebereich der Statuszeile an. Ist **Wahrheitswert** *falsch*, wird wieder die Standardanzeige aktiviert. Drücken Sie STRG-m, um zur Makrovorlage zu wechseln.

Ersetzen Sie den bisherigen Inhalt

=ECHO(FALSCH)

in Feld C17 der Makrovorlage durch

=MELDUNG(WAHR;"Aktualisieren REWE").

Abbildung 2.12 zeigt den momentanen Inhalt der Spalten C und D.

Abbildung 2.12: Die Makrofunktion MELDUNG

	C	D
16	Spezielle_Makrofunktionen	STRG-z - Hilfsmakro
17	=MELDUNG(WAHR;"Aktualisieren Rewe")	zur Darstellung spe-
18	=MAKRO.AUSFÜHREN('2BESTAND.XLM'!Rewe)	zieller Makrofunktionen
19	=RÜCKSPRUNG()	

Rufen Sie das Makro durch Drücken von STRG-z auf. In der Statuszeile erscheint der Hinweis "Aktualisieren REWE". Dieser Hinweis bleibt auch nach der Makroausführung bestehen.

Was ist also zu tun? Ersetzen Sie den bisherigen Befehl in C17

=MELDUNG(WAHR;"Aktualisieren REWE")

durch folgenden Befehl:

=MELDUNG(FALSCH).

Bringen Sie das Makro durch Drücken von STRG-z erneut zur Ausführung: Excel zeigt in der Statuszeile wieder die Standardmeldung an.

Die Makrofunktion SIGNAL

Die Makrofunktion

SIGNAL(Zahl)

löst das akustische Signal des Computers aus. Das Argument **Zahl** ist wahlweise. Es gibt vier akustische Signale, die mit den Argumenten 1, 2, 3 oder 4 aufgerufen werden können. Wird keine Zahl angegeben, nimmt Excel den Wert 1 an. Bei vielen PC's sind die vier Töne gleich.

Verändern Sie das Makro so, wir es in Abbildung 2.13 vorgegeben haben. Das Signal ertönt, wenn das Ende des Makros erreicht ist.

Abbildung 2.13: Die Makrofunktion SIGNAL

	C	D
16	Spezielle_Makrofunktionen	STRG-z - Hilfsmakro
17	=ECHO(FALSCH)	zur Darstellung spe-
18	=MAKRO.AUSFÜHREN('2BESTAND.XLM'!Rewe)	zieller Makrofunktionen
19	=SIGNAL(3)	
20	=RÜCKSPRUNG()	

Springen Sie zum Auswahlbild (STRG-w) und rufen Sie das Makro auf (STRG-z). Das akustische Signal weist auf das Ende der Makroausführung hin.

Die Makrofunktionen FEHLER und WARNUNG

Die Makrofunktion

FEHLER(Aktivieren;Makrobezug)

gibt an, welche Aktion erfolgen soll, wenn Excel während der Makroausführung auf einen Fehler trifft. Ist **Aktivieren** falsch, wird die Fehlerprüfung ausgeschaltet. Excel berücksichtigt in einem solchen Fall den Fehler nicht und setzt die Makroausführung fort.

Ist **Aktivieren** *wahr*, so wird entweder die normale Fehlerprüfung aktiviert, indem Sie das zweite Argument nicht angeben, oder es erfolgt ein Verweis auf ein Makro, das im Fehlerfall aufgerufen wird.

Die Makrofunktion

WARNUNG(Meldungstext;Typzahl;Hilfebezug)

zeigt ein Warnfeld mit dem **Meldungstext** an und wartet, bis Sie eine Schaltfläche gewählt haben. Für den Fall, daß Sie Typzahl *3* wählen, wird die Makroausführung unterbrochen, der Meldungstext wird in einem Dialogfenster angezeigt und Excel wartet, bis Sie das Dialogfenster durch Drücken der RETURN-Taste wieder schließen. Kommen wir damit zum praktischen Teil der Beschreibung! Verändern Sie unser Hilfsmakro so, wie wir es in Abbildung 2.14 angegeben haben.

Abbildung 2.14: Die Makrofunktion FEHLER

	C	D
16	Spezielle_Makrofunktionen	STRG-z - Hilfsmakro
17	=FEHLER(WAHR;'2BESTAND.XLM'!Fehler_Makro)	zur Darstellung spe-
18	=MAKRO.AUSFÜHREN('2BESTAND.XLM'!Rewe)	zieller Makrofunktionen
19	=SIGNAL(3)	
20	=RÜCKSPRUNG()	

Im Fehlerfall wird auf das Makro

'2BESTAND.XLM'!Fehler_Makro

verwiesen. Dieses Makro wollen wir als nächstes schreiben. Bewegen Sie den
Cursor nach Feld C23 und tragen Sie in dieses Feld den Text "Fehler_Makro"
ein. Schreiben Sie das Makro anschließend so, wie wir es in Abbildung 2.15 vorgegeben haben.

Abbildung 2.15: Die Makrofunktion WARNUNG

	C	D
23	Fehler_Makro	ohne Tastenschlüssel
24	=WARNUNG("Fehler im REWE-Makro";3)	Aktionen im Fehlerfall
25	=MAKRO.AUSFÜHREN('2BESTAND.XLM'!$C$8)	
26	=RÜCKSPRUNG()	

Nachdem Sie das Makro erstellt haben, bewegen Sie den Cursor wieder nach
Feld C23 und vergeben Sie für das Makro einen Namen. Auf die Angabe eines
Tastenschlüssels können wir deshalb verzichten, weil wir dieses Makro nicht
direkt aufrufen wollen.

Geben Sie ein:	*Befehl:*
ALT-R	*Formel*
F	*Namen festlegen*
TAB	*Sprung ins nächste Feld*
TAB	*Sprung ins nächste Feld*
TAB	*Sprung ins nächste Feld*
B	*Option Befehl*
RETURN-Taste	*Bestätigen des Befehls*

Wenn Excel während der Makroausführung auf **keinen** Fehler stößt, wird das
Fehlermakro **nicht** aktiviert. Bauen wir also in unser Makro "Rewe" einen Fehler
ein.

Bewegen Sie den Cursor innerhalb der Makrovorlage nach Feld A31 und ersetzen
Sie den bisherigen Inhalt

=AKTIVIEREN("2rewe.xls")

durch

=AKTIVIEREN("9rewe.xls").

Da Excel die Datei 9REWE.XLS nicht finden wird, entsteht eine Fehlersituation.
Probieren Sie es aus! Wechseln Sie zur Tabelle (STRG-w) und rufen Sie unser
Hilfsmakro auf (STRG-z).

Unmittelbar nach dem Aufruf öffnet Excel ein Dialogfenster und zeigt den Hinweis

>   Fehler im REWE-Makro

an. Das Öffnen des Dialogfensters und das Anzeigen des Hinweises erfolgt durch die Makrofunktion **WARNUNG** innerhalb unseres Fehlermakros. Nachdem Sie die RETURN-Taste gedrückt haben, wird das Makro *Sprung_Makro*, das in Feld C8 beginnt, aufgerufen. Der Signalton weist auf das Ende des Makros hin.

W i c h t i g : Bevor Sie die Arbeit mit der nächsten Makrofunktion fortsetzen, ändern Sie bitte wieder das Makro "Rewe", d.h. fügen Sie wieder den richtigen Dateinamen ein (Feld A31 der Makrovorlage).

Die Makrofunktion STOP

Die Makrofunktion

>   **STOP(Abbrechen)**

hält die gesamte Makroausführung an; Abbrechen ist ein Wahrheitswert, der angibt, ob eine Makrovorlage geschlossen werden soll, wenn sie auf die Funktion **STOP** eines *auto_schließen*-Makros stößt. Auf den Einsatz von **STOP** sollten Sie jedoch nur in Ausnahmesituationen zurückgreifen, weil es zumeist elegantere Lösungen gibt, um die Ausführung eines Makros zu beenden.

Die Makrofunktion ABBRECHEN.TASTE

Wenn Sie demnächst eigene Anwendungen erstellen, möchten Sie möglicherweise nicht, daß Makros während der Ausführung unterbrochen werden. Die Makrofunktion

>   **ABBRECHEN.TASTE(Aktivieren;Makrobezug)**

unterdrückt die Möglichkeit der Makrounterbrechung mit Hilfe der ESCAPE-Taste.

Wenn **Aktivieren** *falsch* ist, kann das Makro nicht mehr durch Drücken der ESCAPE-Taste unterbrochen werden.

Ist **Aktivieren** *wahr* und **Makrobezug** wird weggelassen, wird die ESCAPE-Taste aktiviert. Ist **Aktiveren** *wahr* und **Makrobezug** wird angegeben, wird - sobald Sie die ESCAPE-Taste drücken - die Makroausführung bei **Makrobezug** fortgesetzt.

Sie sollten die Makrofunktion **ABBRECHEN.TASTE** nur nach vorherigem sorg-
fältigem Testen des Makros verwenden. Geht das Makro in eine Endlosschleife
und ist die ESCAPE-Taste nicht aktiviert, können Sie das Makro nur noch durch
Ausschalten Ihres Computers "beenden".

Wir wollen die Arbeitsweise der Makrofunktion **ABBRECHEN.TASTE** an zwei
Beispielen demonstrieren.

Bewegen Sie den Cursor innerhalb der Makrovorlage nach Feld C17 und ersetzen
Sie den bisherigen Inhalt durch folgende Eingabe (s. Abbildung 2.16):

> =ABBRECHEN.TASTE(FALSCH)

Dieser Befehl schaltet die ESCAPE-Taste aus. Wechseln Sie zur Tabelle (STRG-
w) und rufen Sie das Hilfsmakro auf (STRG-z). Versuchen Sie unmittelbar nach
dem Aufruf, das Makro durch Drücken der ESCAPE-Taste abzubrechen: Sie
stellen fest, daß dies nicht möglich ist.

Abbildung 2.16: Die Makrofunktion ABBRECHEN.TASTE

	C	D
16	Spezielle Makrofunktionen	STRG-z - Hilfsmakro
17	=ABBRECHEN.TASTE(FALSCH)	zur Darstellung spe-
18	=MAKRO.AUSFÜHREN('2BESTAND.XLM'!Rewe)	zieller Makrofunktionen
19	=SIGNAL(3)	
20	=RÜCKSPRUNG()	

Wechseln Sie, nachdem das Makro ausgeführt worden ist, durch Drücken von
STRG-m zur Makrovorlage. Ersetzen Sie den bisherigen Inhalt (Feld C17) durch
folgende Eingabe:

> =ABBRECHEN.TASTE(WAHR;'2BESTAND.XLM'!Fehler_Makro)

Dieser Befehl bewirkt, daß Excel nach Drücken der ESCAPE-Taste zum Makro
Fehler_Makro springt. Wechseln Sie wieder zur Tabelle (STRG-w) und rufen Sie
das Hilfsmakro auf (STRG-z). Drücken Sie unmittelbar nach dem Aufruf des
Makros die ESCAPE-Taste: Excel öffnet daraufhin ein Dialogfenster mit der
Meldung "Fehler im REWE-Makro". Dies zeigt, daß wir uns innerhalb des Makros *Fehler_Makro* befinden. Drücken Sie die RETURN-Taste, um das Dialogfenster wieder zu schließen.

Die Makrofunktion GEHEZU

Die Makrofunktion

GEHEZU(Bezug)

bewirkt die Verzweigung eines Makros in ein anderes Feld. **GEHEZU** entspricht dem in vielen Programmiersprachen verfügbaren Befehl **GOTO**, der insbesondere BASIC-Programmierern in bester Erinnerung sein dürfte.

Der zu starke Gebrauch von **GEHEZU** (bzw. **GOTO** innerhalb einer Programmiersprache) erhöht die Schwierigkeiten, den logischen Aufbau eines Makros (bzw. eines Programmes) nachzuvollziehen. Sie sollten daher bei der Erstellung eigener Anwendungen auf einen sparsamen Gebrauch der Makrofunktion **GEHEZU** achten.

Das nächste Makro soll die Wirkung einer Endlosschleife demonstrieren. Schreiben Sie unser Hilfsmakro so, wie wir es in Abbildung 2.17 vorgegeben haben.

Abbildung 2.17: Endlosschleife

	C	D
16	Spezielle_Makrofunktionen	STRG-z - Hilfsmakro
17	=ABBRECHEN.TASTE(FALSCH)	zur Darstellung spe-
18	=MAKRO.AUSFÜHREN('2BESTAND.XLM'!Rewe)	zieller Makrofunktionen
19	=GEHEZU(C18)	
20	=RÜCKSPRUNG()	

Zunächst wird Ihnen über die Makrofunktion **ABBRECHEN.TASTE** die Möglichkeit entzogen, das Makro durch Drücken der ESCAPE-Taste abzubrechen. Anschließend wird das Makro "Rewe" aufgerufen. Nach Abarbeiten dieses Makros setzt die Makroausführung in Feld C19 fort: Die Makrofunktion **GEHEZU** bewirkt durch den Sprung nach Feld C18, daß erneut das Makro "Rewe" aufgerufen wird.

Es bleibt Ihnen an dieser Stelle vorbehalten, ob Sie das Makros ausprobieren wollen oder nicht. Für den Fall, daß Sie es ausprobieren wollen, sollten Sie vorher die geladenen Dateien sichern!

ZUSAMMENFASSUNG

Sie haben in diesem Kapitel erfahren, wie man eine Reihe von Makros durch Einsatz von **Auswahlbildern** zu einer übersichtlichen Anwendung zusammenfassen kann.

Sie kennen die Makros (z.B. "Sprung zum Auswahlbild"), die den Umgang mit Auswahlbildern erleichtern.

Weiterhin wurde aufgezeigt, was **befehlsäquivalente Makrofunktionen** sind, und wie in Excel **Autoexec-Makros** definiert und zur Ausführung gebracht werden. Das Testen von Makros wurde an einem Beispiel demonstriert.

Schließlich wurden im letzten Abschnitt eine Reihe **spezieller Makrofunktionen** näher untersucht.

Je mehr Makros Sie innerhalb einer Anwendung einsetzen, desto bedeutender wird das Vorhandensein von erläuternden Texteingaben zur Dokumentation. Die wenigen Minuten, die Sie für die Eingabe der knappen Texte einsetzen, zahlen sich zu einem späteren Zeitpunkt, wenn es gilt, Makros zu modifizieren oder neue hinzuzufügen, immer aus. In folgenden Kapiteln werden wir auch umfangreichere Makros erstellen. In solchen Fällen ist es mitunter ratsam, sogar einzelne Befehlsfolgen des Makros zusätzlich zu beschreiben.

ÜBUNGEN

(1)

Von den Abteilungen unserer Beispiel AG ist nur das Makro für das Rechnungswesen fertiggestellt.

Suchen Sie einige Abteilungen aus (vielleicht 2 oder 3) und schreiben Sie Makros, um auch die Daten dieser Abteilungen zu aktualisieren.

(2)

Laden Sie die Dateien 2UEBUNG.XLS und 2DATEN.XLS. Das in 2UEBUNG.XLS gespeicherte Arbeitsblatt enthält die Plandaten für den Personaleinsatz der nächsten drei Jahre.

Auch bei diesem Arbeitsblatt sollen keine Dateneingaben erforderlich sein. Die benötigten Daten werden der Datei 2DATEN.XLS entnommen und in die Hilfstabelle am unteren Rand des Arbeitsblattes kopiert (analog der Vorgehensweise bei der Datei 2BESTAND.XLS).

Ergänzen Sie das Arbeitsblatt um zwei Makros:

o   ein Autoexec-Makro, das erstens den Cursor nach Feld A1 der Tabelle bewegt und zweitens die Datei 2DATEN.XLS lädt;

o   ein Makro zur Aktualisierung der Plandaten.

Vergeben Sie für die Makrovorlage den Namen 2UEBUNG.XLM.

3 SELBSTERSTELLTE MENÜS

Zur Förderung von Eigentumsmaßnahmen (z.B. Kauf eines Hauses) gewährt unsere Beispiel AG ihren Mitarbeitern zinsgünstige Darlehen. Der Zinssatz hängt dabei von Höhe und Laufzeit des Darlehens ab.

Die Abteilung Sozialwesen hat die Aufgabe erhalten, Mitarbeiter, die die Aufnahme eines Darlehens in Erwägung ziehen, zu beraten und ihnen bei der Aufstellung der Tilgungspläne behilflich zu sein, damit die entstehenden finanziellen Belastungen frühzeitig bekannt sind.

Wer sich schon einmal mit finanzmathematischen Berechnungen befaßt hat, weiß, wie arbeitsaufwendig das Erstellen eines Tilgungsplans ist. Aus diesem Grund soll die Aufstellung der Tilgungspläne durch ein Excel-Arbeitsblatt unterstützt werden.

ZIELE DES KAPITELS

Wir werden zunächst ein Arbeitsblatt vorstellen, das in Abhängigkeit von *Darlehenshöhe*, *Zinssatz* und *Laufzeit* auf Basis einer monatlichen Verzinsung die finanzielle monatliche und jährliche Belastung des Mitarbeiters ermittelt und anschließend den Tilgungsplan für jedes Jahr der angegebenen Laufzeit aufstellt. Sie werden dabei eine Reihe von Befehlsfolgen und Funktionen kennenlernen, deren Einsatz nicht alltäglich ist.

Anschließend werden Sie Makrofunktionen kennenlernen, die die üblichen Excel-Menüleisten am oberen Bildschirmrand durch individuelle, auf die Anwendung zugeschnittene Menüs ersetzen. Sie werden beispielsweise erfahren, wie man durch spezielle Funktionen auf bestimmte Auswahlmöglichkeiten beschränkte Dateneingaben realisieren, und Abläufe innerhalb des Arbeitsblattes nach eigenen Wünschen gestalten kann.

Vorbereitung

Bevor wir zur Anwendung der Datei 3TILGUNG.XLS kommen, möchten wir vorab drei Punkte erwähnen, die für das Verständnis der folgenden Kapitel wichtig sind.

Im Gegensatz zu den beiden ersten Kapiteln sind ab Kapitel 3 sämtliche Makros bereits erstellt (erster Punkt). Im Vordergrund dieses und der folgenden Kapitel stehen spezielle Makrobefehlsgruppen, z.B. Menübefehle in Kapitel 3 oder interaktive Befehle in Kapitel 4. Dadurch, daß Sie die Makros nicht mehr selbst erstellen müssen, können Sie sich beim Durcharbeiten der folgenden Kapitel auf die Einsatzmöglichkeiten dieser Befehlsgruppen innerhalb einer Anwendung konzentrieren.

Ein weiterer Unterschied kennzeichnet die folgenden Kapitel: Während die Arbeitsblätter der Kapitel 1 und 2 relativ einfach und gut überschaubar waren, erfüllen die Arbeitsblätter ab Kapitel 3 komplexere Aufgaben. Wir müssen daher der Beschreibung der Arbeitsblätter mehr Aufmerksamkeit schenken als bisher (zweiter Punkt).

Die Beschreibung der Makrofunktion

EINGABE(Text;Typ;Überschrift;Vorgabe;X_Pos;Y_Pos;Hilfe)

soll helfen, den dritten Punkt zu erläutern. Laden Sie mit Hilfe der Befehlsfolge **Datei - Öffnen** die Datei 3VOR.XLS.

Sie sehen, daß wir Feld C2 durch die beiden Pfeile hervorgehoben haben. Dieses Feld hat über die Befehlsfolge **Formel - Namen festlegen** den Namen *Zahlfeld* erhalten.

Laden Sie anschließend die Makrovorlage 3VOR.XLM. Abbildung 3.1 zeigt das Makro "Eingabe_Test".

Abbildung 3.1: Die Makrofunktion EINGABE

	A	B
1	Eingabe_Test	STRG-e
2	=AKTIVIEREN("3vor.xls")	Aktivieren 3VOR
3	=AUSWÄHLEN("zahlfeld")	Sprung nach C2
4	=FORMEL(EINGABE("Geben Sie eine Zahl ein";1))	Eingabe
5	=WENN(ISTLOG('3VOR.XLS'!zahlfeld);FORMEL(""))	Prüfung
6	=RÜCKSPRUNG()	Ende des Makros
7		
8	Mögliche Alternativen zu Feld A5	
9		
10	=WENN(NICHT(ISTZAHL('3VOR.XLS'!zahlfeld));INHALTE.LÖSCHEN(1))	
11	=WENN(ISTLOG('3VOR.XLS'!zahlfeld);INHALTE.LÖSCHEN(1))	

Die Makrofunktion **EINGABE** zeigt ein Dialogfeld an und liefert als Ergebnis die in das Dialogfeld eingegebenen Informationen. Das Ergebnis wird in das Feld der Makrovorlage eingestellt, das die Funktion **EINGABE** aufruft. Mit Hilfe der Funktion **FORMEL** wird dieser Wert zur Tabelle übertragen. Das Argument **Text** beinhaltet die Aufforderung zur Eingabe der verlangten Informationen; **Typ** legt den Typ der einzugebenden Daten folgendermaßen fest:

Zahl	Datentyp	Zahl	Datentyp
0	Formel	8	Bezug
1	Zahl	16	Fehlerwert
2	Text	64	Matrix
4	Wahrheitswert		

Sie können für **Typ** auch die Summe zulässiger Datentypen bilden. So können Sie für ein Eingabefeld, das Text oder Zahlen akzeptiert, den Wert *3* angeben.

Rufen Sie das Makro durch Drücken von STRG-e auf. Es aktiviert 3VOR.XLS, springt nach Feld C2, und öffnet das Dialogfenster. Geben Sie eine beliebige Zahl ein und drücken Sie die RETURN-Taste: Excel stellt den eingegebenen Wert in das Feld C2.

Das Dialogfenster enthält die beiden Schaltflächen OK und ABBRECHEN. Wenn Sie OK wählen, gibt **EINGABE** den Wert des Eingabefeldinhaltes aus. Was passiert, wenn Sie ABBRECHEN wählen?

Excel gibt in einem solchen Fall den Wahrheitswert *falsch* aus, was sicherlich nicht sehr elegant ist. Die Makroanweisung in Feld A5 prüft daher, ob Feld C2 einen Wahrheitswert speichert, und löscht in einem solchen Fall den Feldinhalt, so daß nicht mehr das Wort *falsch* angezeigt wird.

Excel stellt eine Reihe logischer Funktionen zur Verfügung, mit denen bestimmte Sachverhalte geprüft werden können. Eine dieser Funktionen haben Sie eben kennengelernt: Die Makrofunktion

ISTLOG(Wert)

liefert als Ergebnis den Wahrheitswert *wahr*, wenn **Wert** ein Wahrheitswert ist. Da Excel für den Fall, daß Sie ABBRECHEN wählen, den Wahrheitswert *falsch* in das Feld C2 einstellt, liefert die anschließende Makroanweisung in Feld A5

WENN(ISTLOG('3VOR.XLS'!Zahlfeld);FORMEL(""))

den Wahrheitswert *wahr*. Das Makro löscht damit über die Anweisung

FORMEL("")

den Feldinhalt. Dadurch haben wir realisiert, daß der Wert *falsch*, den Excel in das Feld C2 eingestellt hat, wieder verschwindet.

Dieses Ziel hätten wir auch mit Hilfe anderer Makrofunktionen erreichen können. Betrachten Sie den Inhalt des Feldes A10 der Makrovorlage:

WENN(NICHT(ISTZAHL(…));INHALTE.LÖSCHEN(1))

Diese Makroanweisung erfüllt den gleichen Zweck wie die beschriebene in Feld A5. Die Makrofunktion

ISTZAHL(Wert)

liefert als Ergebnis den Wahrheitswert *wahr*, wenn **Wert** eine Zahl ist. Die Makrofunktion

NICHT(Wahrheitswert)

liefert als Ergebnis den Wahrheitswert *wahr*, wenn **Wahrheitswert** *falsch* ist, und umgekehrt. Die Makrofunktion

INHALTE.LÖSCHEN(Zahl)

entspricht der Befehlsfolge **Bearbeiten - Inhalte löschen**. Hierbei handelt es sich um eine befehlsäquivalente Makrofunktion. Wenn Sie diese Befehlsfolge eingeben, öffnet Excel ein Dialogfenster und fragt Sie, ob **Alles** (Zahl: 1), **Formate** (Zahl: 2), **Formeln** (Zahl: 3) oder **Notizen** (Zahl: 4) gelöscht werden sollen. Wir haben in unserem Beispiel die Zahl *1* verwendet, wodurch "Alles" gelöscht wird.

Die Makroanweisung in Feld A10 bewirkt demnach folgendes: Wenn Feld C2 **keine Zahl** speichert, wird der Inhalt des Feldes gelöscht.

Kommen wir damit zu unserem Ausgangsproblem zurück. Wir wollten Ihnen drei Punkte nennen, die Sie wissen sollten, bevor Sie mit der Bearbeitung des dritten Kapitels beginnen. Als ersten Punkt haben wir darauf hingewiesen, daß die Makros ab Kapitel 3 bereits vollständig erstellt sind. Der zweite wichtige Punkt beinhaltet, daß die Arbeitsblätter teilweise relativ komplexe Aufgaben erfüllen und wir daher der Beschreibung der Blätter eine besondere Aufmerksamkeit schenken müssen.

Als dritten Punkt weisen wir schließlich darauf hin, daß die vorgestellten Makros **nur eine mögliche Alternative** darstellen, um das jeweilige Anwendungsproblem zu lösen. Wie Sie an dem Beispiel der Überprüfung eines eingegebenen Wertes sehen konnten, gibt es bereits für diese einfache Fragestellung mehrere Lösungsalternativen.

Die in den folgenden Kapiteln vorgestellten Lösungen sind auf die Beschreibung spezieller Makrobefehlsgruppen zugeschnitten. Diese Befehlsgruppen werden jeweils ausführlich beschrieben und deren Einsatzmöglichkeiten anhand von Beispielen aufgezeigt. Wenn Sie das Buch durchgearbeitet und einen Überblick über die Gesamtheit der Makrofunktionen gewonnen haben, werden Sie erkennen, daß es möglicherweise zahlreiche Varianten für die Lösung der Anwendungsprobleme gibt. Schließen Sie über die Befehlsfolge **Datei - Schließen** die Dateien 3VOR.XLS und 3VOR.XLM.

DAS ARBEITSBLATT

Abbildung 3.2 zeigt den Aufbau des Tilgungsplanes, der aus den Hauptteilen

o **Grunddaten** des Darlehens (oberer Teil) und

o **Tilgungsverlauf** des Darlehens (unterer Teil) besteht.

Das Arbeitsblatt ist in der Datei

       3TILGUNG.XLS

und die Makrovorlage in der Datei

       3TILGUNG.XLM

gespeichert. Laden Sie die Datei 3TILGUNG.XLS. Ein Autoexec-Makro bewirkt, daß Sie direkt zu einem Auswahlbild springen (die Makrovorlage 3TILGUNG.XLM wird dadurch ebenfalls geladen). Beim ersten Aufruf erhalten Sie möglicherweise den Hinweis "Kann Zirkelbezüge nicht auflösen". Drücken Sie die RETURN-Taste, um diesen Hinweis zu bestätigen. Wir werden dies später näher erklären.

Kümmern Sie sich zunächst nicht um die Makros, sondern vollziehen Sie erst die Beschreibung der Tabelle nach, um die Arbeitsweise der Makros später besser verstehen zu können.

Drücken Sie STRG-t, um zur Tabelle zu gelangen. Wir beginnen mit der Beschreibung des Tabellenteils "Grunddaten".

Tabellenteil Grunddaten

Zunächst fällt auf, daß Zeile 1 verborgen ist. Wir haben Feld A1 benutzt, um eine bestimmte Information zu speichern. Damit diese Information nicht sichtbar wird, haben wir für Zeile 1 eine Zeilenhöhe von 1 eingerichtet (Befehlsfolge **Format - Zeilenhöhe**).

Da unsere Zinsermittlung monatlich erfolgt (unterjährige Verzinsung), muß ein Feld die Anzahl der berechneten Monate "festhalten". Wir haben uns zu diesem Zweck Feld A1 ausgewählt, und diesem Feld den Namen

Hilf

gegeben. Ein Makro wird dieser "Hilfsvariablen" den Ausgangswert 0 zuweisen und den Wert anschließend für jeden berechneten Monat um 1 erhöhen.

Warum unterjährige Verzinsung? Bei einer Verzinsung, die auf Jahreswerten basiert, wird zu Jahresbeginn der Zinsanteil ermittelt und während des gesamten Jahres nicht verändert. Bei einer monatlichen Abrechnung erfolgt die Berechnung des Zinsanteils jeweils auf Basis der zuletzt ermittelten Restschuld, d.h. Monat für Monat neu.

Diese Art der Zinsermittlung ist genauer als eine quartals- oder jahresweise Berechnung.

Die für die Realisierung einer monatlichen Zinsermittlung benötigten Tabellenfunktionen werden Sie im folgenden kennenlernen.

Der obere Teil des Arbeitsblattes enthält folgende Informationen:

o Feld B5 enthält den Kreditbetrag;

o Der Zinssatz (Feld B6) läßt sich aus dem Betrag und der Laufzeit ableiten, wobei der Mitarbeiter zwischen fünf Beträgen und drei Laufzeiten wählen kann. Folgende Optionen stehen zur Verfügung (in Klammern jeweils der dieser Option zugeordnete Zinssatz):

Betrag:

10.000 DM (2,00 %);
20.000 DM (2,00 %);
30.000 DM (2,25 %);
40.000 DM (2,25 %) und
50.000 DM (2,50 %).

Laufzeit:

 5 Jahre (2,00 %);
10 Jahre (2,25 %) und
15 Jahre (2,50 %).

Der Zinssatz für das Darlehen ergibt sich aus der Summe der beiden durch Betrag und Laufzeit ermittelten Einzelzinssätze. Wählt ein Mitarbeiter beispielsweise einen Betrag von 30.000 DM (= 2,25 %) bei einer Laufzeit von 10 Jahren (= 2,25 %), so ergibt sich ein Zinssatz von 4,50 %.

o Feld B7 enthält die gewünschte Laufzeit in Jahren.

o Feld B8 enthält die monatlich zu zahlende Rate (= Annuität), die sich aus den Größen *Kreditbetrag, Laufzeit* und *Jahreszins* ergibt.

Diese über die gesamte Laufzeit konstante Rate setzt sich aus einem Tilgungs- und einem Zinsanteil zusammen, wobei im Verlaufe der Tilgungsdauer der Zinsanteil immer mehr abnimmt (die Restschuld wird nach jeder Ratenzahlung geringer), während der Tilgungsanteil gleichermaßen steigt. Am Ende der Laufzeit ist das Darlehen vollständig getilgt.

Abbildung 3.2: Arbeitsblatt Tilgungsplan

```
        A               B                 C                  D
 2 ===============================================================
 3                T I L G U N G S P L A N
 4 ===============================================================
 5 Kreditbetrag      30.000,00 DM Fälligkeit 1.Rate      1.10.92
 6 Jahreszins (%)         4,50 Anzahl Raten
 7 Laufzeit                 10 im ersten Jahr :                3
 8 Monatl. Rate         310,92 DM im letzten Jahr:             9
 9 Jährl. Rate        3.730,98 DM
10 Gesamtaufwand     37.309,83 DM
11 ===============================================================
12
13                Restschuld am
14    J A H R      Jahresende        Zinsen/Jahr Tilgung/Jahr
15 ---------------------------------------------------------------
16       1992   29.402,52 DM         335,27 DM     597,48 DM
17       1993   26.944,36 DM       1.272,83 DM   2.458,16 DM
18       1994   24.373,28 DM       1.159,90 DM   2.571,09 DM
19       1995   21.684,08 DM       1.041,78 DM   2.689,20 DM
20       1996   18.871,33 DM         918,24 DM   2.812,74 DM
21       1997   15.929,38 DM         789,02 DM   2.941,96 DM
22       1998   12.852,26 DM         653,87 DM   3.077,11 DM
23       1999    9.633,79 DM         512,51 DM   3.218,47 DM
24       2000    6.267,46 DM         364,65 DM   3.366,33 DM
25       2001    2.746,48 DM         210,00 DM   3.520,98 DM
26       2002        0,00 DM          51,75 DM   2.746,48 DM
27
28
29
30
31
32 ===============================================================
```

Folgende Formel liegt der Berechnung der Annuität zugrunde:

$$\text{RATE} = \frac{(\text{BETRAG} * \text{ZINS}/100/12)}{(1 - (1 + \text{ZINS}/100/12)^{(-\text{LAUFZEIT}*12)})}$$

Gehen Sie nach Feld **B8** und vollziehen Sie nach, wie wir diese Formel in Excel umgesetzt haben.

Am Ende des Kapitels finden Sie einige Literaturangaben. In diesen Büchern werden die Annuitätenformel und weitere finanzmathematische Formeln hergeleitet und näher beschrieben.

o Feld **B9** berechnet durch die Multiplikation

      RATE * 12

den jährlichen Gesamtaufwand.

o Feld **B10** enthält den finanziellen Aufwand über die gesamte Tilgungsdauer:

      RATE * 12 * LAUFZEIT.

o Feld **D5** enthält die Angabe, wann die erste Rate fällig ist. Nachfolgende Berechnungen hängen davon ab, ob in diesem Feld ein gültiges Datum in der Form

      T.M.JJ

gespeichert ist.

o Abhängig von der Fälligkeit der ersten Rate ergibt sich die Anzahl Ratenzahlungen für das erste Tilgungsjahr (Feld **D7**):

      13 - MONAT(D5).

Die Funktion

      MONAT(Serielle_Zahl)

gibt den Monat (1 bis 12) entsprechend der **Seriellen_Zahl** aus. Die Zahl ist der Code für das Datum und die Zeit, den Excel für Datums- und Zeitberechnungen verwendet.

Excel bietet eine Reihe weiterer Funktionen, die ähnliche Berechnungen gestatten. Im Handbuch finden Sie beispielsweise Informationen zu den Funktionen **STUNDE, MINUTE, SEKUNGE, JAHR, TAG** und **WOCHENTAG**.

o Mit Hilfe der **WENN**-Funktion ermitteln wir die Anzahl Ratenzahlungen im letzten Tilgungsjahr (Feld D8):

WENN(D7 = 12;12;12-D7)

Wenn im ersten Jahr 12 Ratenzahlungen anfallen (d.h. die erste Zahlung erfolgt im Januar), fallen im letzten Jahr ebenfalls 12 Ratenzahlungen an. Andernfalls ist das Ergebnis

12 - Anzahl Ratenzahlungen im ersten Jahr.

Wir haben bei der Formulierung der Formeln nicht nur Feldangaben verwendet, sondern sprechen wichtige und häufig verwendete Feldinhalte über Bezeichnungen an, die wir vorher über die Befehlsfolge **Formel - Namen festlegen** den Feldern zugewiesen haben:

Feld B5	*Kreditbetrag*	Feld B8	*Rate*
Feld B6	*Jahreszins*	Feld D7	*Monatl*
Feld B7	*Laufzeit*		

Der zweite Tabellenteil (Tilgungsverlauf des Darlehens) enthält relativ umfangreiche Formeln. Durch Verwendung von *Bezeichnungen* läßt sich die Transparenz solcher Formeln erhöhen.

Tabellenteil Tilgungsverlauf

Ein Problem bei der Entwicklung der Formeln besteht darin, daß wir die Laufzeit des Darlehens nicht kennen. Abbildung 3.2 zeigt ein Beispiel für eine 10jährige Laufzeit, wobei allerdings Berechnungen für insgesamt 11 Jahre durchgeführt werden müssen:

o für die Monate Oktober bis Dezember im ersten Jahr,
o für die folgenden neun Jahre sowie
o für die Monate Januar bis September im letzten Jahr.

Für die nachfolgenden Jahre (d.h. ab dem zwölften Jahr) sehen Sie Leerzeilen. Excel muß also in Abhängigkeit von der Laufzeit und dem Datum der ersten Ratenzahlung für jedes Jahr untersuchen, ob das Ende der Tilgung erreicht ist.

Welche Funktionen werden nun benötigt, um solche Untersuchungen durchzuführen? Bevor wir diese Frage beantworten, werden wir zunächst die Inhalte der einzelnen Spalten beschreiben, die wir für die Aufstellung des Tilgungsplans benötigen:

o Restschuld am Jahresende - Die Felder dieser Spalte ergeben sich aus der Restschuld des Vorjahres minus dem Tilgungsanteil der geleisteten Ratenzahlungen des gerade abgelaufenen Jahres.

o Zinsen/Jahr - Die Felder dieser Spalte enthalten die Summe der Zinsaufwen-
   dungen eines Jahres. In Abhängigkeit von der Restschuld des Vormonats wird
   pro Monat der Zinsaufwand ermittelt, der in Spalte E (*Letzter Monatszins*) berechnet wird. Die Summe aller Monatsaufwendungen des Jahres ergeben die
   Werte der Spalte *Zinsen/Jahr*.

o Tilgung/Jahr - Der Tilgungsanteil ergibt sich aus der Differenz

        RATE - ZINSAUFWAND.

o Letzter Monatszins (Spalte E) - Über den gesamten Tilgungsverlauf wird pro
   Monat der Zinsaufwand in Abhängigkeit von der Restschuld des Vormonats
   berechnet. Die Werte dieser "Hilfsspalte" sind nicht Teil des Tilgungsplans,
   der dem Benutzer zur Verfügung gestellt wird. Dieser Teil der Tabelle ist auf
   dem Bildschirm für den Anwender nicht sichtbar. Sie werden aber für die Berechnungen der einzelnen Spalten des Tilgungsplans benötigt.

In unserem Arbeitsblatt existieren folgende Abhängigkeiten:

Der Tilgungsanteil der gezahlten Rate bestimmt die Restschuld:

        TILGUNGSANTEIL = = = > RESTSCHULD.

Die Restschuld bestimmt den Zinsaufwand:

        RESTSCHULD = = = > ZINSAUFWAND.

Der Zinsaufwand bestimmt die Höhe des Tilgungsanteils:

        ZINSAUFWAND = = = > TILGUNGSANTEIL.

Erkennen Sie das Dilemma? Normalerweise kann Excel wegen der Abhängigkeiten zwischen den Feldern solche Berechnungen nicht durchführen. Wie soll beispielsweise der Zinsaufwand berechnet werden, der von der Restschuld abhängt,
wenn die Restschuld nicht berechnet werden kann, weil der Tilgungsanteil wiederum vom Zinsaufwand abhängt? Diese "Endlosschleife" kann nicht mit
"üblichen Befehlen" bearbeitet werden. Excel verwendet in solchen Fällen den
Begriff "Zirkelbezüge".

Iteration

Die Technik, die gestattet, Zirkelbezüge aufzulösen, heißt **Iteration**. Sie muß
immer dann eingesetzt werden, wenn in einem Arbeitsblatt eine Endlosschleife
vorhanden ist. Die Iteration kann Lösungen für Formeln finden, deren Ergebnisse
voneinander abhängen, wobei jeweils die Ergebnisse der vorangegangenen Berechnung verwendet werden.

Excel berechnet die Tabelle immer wieder neu, bis eine bestimmte Bedingung erfüllt ist. Die Iteration läßt sich über die Befehlsfolge **Optionen - Berechnen** steuern, indem Sie entweder die Anzahl der Iterationsschritte begrenzen, oder eine Grenze für den Änderungshöchstbetrag eines Wertes von einem Iterationsschritt zum nächsten festlegen.

Da wir unsere Werte für jeden Monat der Tilgungsdauer jeweils **einmal** berechnen wollen, werden wir die Anzahl Iterationsschritte auf den Wert 1 begrenzen.

Bei der Beschreibung der Makros werden wir auf das Arbeiten mit Iterationen noch einmal eingehen.

Wir wollen uns im folgenden mit den Formeln und Funktionen des zweiten Tabellenteils befassen. Bewegen Sie den Cursor nach Feld A16.

Jahresangabe

Die Funktion

JAHR(Serielle_Zahl)

liefert als Ergebnis das der **Seriellen_Zahl** entsprechende Jahr. Das Jahr wird als eine ganze Zahl im Bereich von 1900 bis 2078 angegeben.

Die Anweisung

JAHR(D5)

liefert demnach den Wert 1992.

Gehen Sie mit dem Cursor auf das Feld A17. Berechnungen für das zweite Jahr müssen durchgeführt werden, wenn entweder die Laufzeit größer 1 ist, oder wenn bei einer einjährigen Laufzeit der Wert *Monat1* kleiner 12 ist, d.h. wenn im ersten Jahr weniger als 12 Ratenzahlungen anfallen.

Folgende Formel führt die Berechnungen durch:

        =WENN (ODER (Laufzeit > 1 ; UND
          (Laufzeit = 1; Monat1 < 12)) ; A16 + 1;"")

Der logische Ausdruck

ODER (Liste)

liefert den logischen Wert *wahr*, wenn **mindestens** einer der Werte in **Liste** *wahr* ist. Andernfalls wird der logische Wert *falsch* geliefert.

Wir haben in unserer Liste zwei Werte:

(1)   LAUFZEIT > 1;

(2)   LAUFZEIT = 1 UND MONAT1 < 12.

Das Ergebnis der Berechnung ist *wahr*, wenn entweder *Laufzeit* größer 1 ist oder wenn *Laufzeit* gleich 1 ist und *Monat1* kleiner 12. Ist eine dieser Bedingungen erfüllt, erhält das Feld die Jahresangabe

        A16+1,

d.h. die Jahresangabe des Vorjahres wird um 1 erhöht.

Andernfalls enthält das Feld Leerzeichen.

Der logische Ausdruck

        UND (Liste)

liefert den logischen Wert *wahr*, wenn *alle* in **Liste** angeführten Werte *wahr* sind.

Die in **Liste** angeführten Ausdrücke müssen sowohl bei **ODER** als auch bei **UND** logische Werte sein. Andernfalls entsteht eine Fehlersituation.

Für die folgenden Jahre müssen jeweils nur die Jahresangaben innerhalb der **ODER**- bzw. **UND**-Funktion verändert werden, z.B. ergibt sich für das dritte Jahr folgender Ausdruck (Feld A18):

        = WENN (ODER (Laufzeit > 2 ; UND
        (Laufzeit = 2; Monat1 < 12)) ; A17 + 1;"")

Restschuld am Jahresende

Gehen Sie zum Feld B16 (Restschuld am Jahresende):

        = WENN (Hilf = 0 ; Kreditbetrag; WENN
        (Hilf < = Monat1 ; B16 + E16 - RATE ; B16))

Wenn *Hilf* gleich Null ist, erhält das Feld den Kreditbetrag (= Ausgangspunkt der Berechnung).

Ist *Hilf* kleiner oder gleich *Monat1*, wird zum Inhalt des Feldes B16 der Zinsaufwand addiert (E16) und die Ratenzahlung subtrahiert. Damit wird die Restschuld um den Tilgungsanteil der Ratenzahlung reduziert.

Ist *Hilf* größer *Monat1* (d.h. wir haben das erste Tilgungsjahr beendet), bleibt der Inhalt des Feldes konstant.

Gehen Sie zum Feld B17:

```
= WENN ( ODER ( Laufzeit > 1 ; UND ( Laufzeit = 1 ;
Monat1 < 12 ) ) ; WENN ( Hilf = 0 ; Kreditbetrag ;
WENN ( Hilf < = Monat1 + 12 ; B17 + E17 - Rate ; B17 ) ) ;" " )
```

Für das zweite Tilgungsjahr fallen Berechnungen an, wenn *Laufzeit* entweder größer 1 ist oder wenn *Laufzeit* gleich 1 und *Monat1* kleiner 12 ist. Andernfalls erhält das Feld Leerzeichen (letzte Angabe in der Formel).

Falls *Hilf* gleich *0* ist, muß das Feld bei der ersten Neuberechnung einen Ausgangswert erhalten: den Kreditbetrag.

Ist *Hilf* größer *0*, muß geprüft werden, ob die Berechnungen für das betreffende Jahr abgeschlossen sind. Die Berechnungen sind **nicht** abgeschlossen, solange *Hilf* kleiner oder gleich *Monat1+12* ist. In diesem Fall werden zur Restschuld der Zinsaufwand addiert und die Rate subtrahiert, wodurch sich die Restschuld jeweils um den Tilgungsanteil der Ratenzahlung reduziert.

Betrachten Sie die Formeln der folgenden Jahre. Sie erkennen, daß wir wie schon bei Spalte A die Formeln nur geringfügig ändern mußten, um die Berechnungen für die weiteren Jahre zu ermöglichen.

Eine Ausnahme bildet das letzte Jahr. Da eine Laufzeit von mehr als 15 Jahren nicht vorgesehen ist, konnten wir den **ODER**-Teil innerhalb der ersten **WENN**-Abfrage weglassen. Gehen Sie nach Feld B31:

```
= WENN ( UND ( Laufzeit = 15 ; Monat1 < 12 ) ;
WENN ( Hilf = 0 ; Kreditbetrag ;
WENN ( Hilf < = 180 ; B31 + E31 - Rate ; B31 ) ) ;" " )
```

Zinsen/Jahr

Gehen Sie zum Feld C16 (Zinsen/Jahr):

```
=WENN ( Hilf = 0 ; 0 ;
WENN ( Hilf < = Monat1 ; C16 + E16 ; C16 )
```

Ist *Hilf* gleich Null, erhält das Feld den Ausgangswert 0. Ist *Hilf* kleiner oder gleich *Monat1* (diese Bedingung ist für die Monate Oktober bis Dezember im ersten Tilgungsjahr erfüllt), wird der Inhalt des Feldes monatlich um den Zinsaufwand erhöht. Andernfalls (d.h. ab dem zweiten Tilgungsjahr) bleibt der Inhalt des Feldes konstant.

Gehen Sie zum Feld C17:

> = WENN (ODER (Laufzeit > 1) ; UND (Laufzeit = 1 ;
> Monat1 < 12)) ; WENN (Hilf = 0 ; 0 ;
> WENN (UND (Hilf > Monat1 ; Hilf <= Monat1 + 12) ;
> C17 + E17 ; C17)) ;" ")

Auch hier erfolgen die Berechnungen in Abhängigkeit von den Größen *Laufzeit* und *Monat1*. Hat *Hilf* den Wert *0*, erhält das Feld den Ausgangswert *0*. Die weitere Anweisung stellt sicher, daß Zinsen nur berechnet werden, wenn *Hilf* größer *Monat1* und kleiner oder gleich *Monat1 + 12* ist.

Betrachten Sie die Berechnungen für die weiteren Jahre. Auch hier ergeben sich nur geringfügige Änderungen. Vollziehen Sie diese Änderungen nach. Eine kleine Ausnahme stellt wieder das letzte Berechnungsjahr dar (Feld C31).

Tilgung/Jahr

Gehen Sie zum Feld D16 (Tilgung/Jahr):

> = Kreditbetrag - B16

Der Tilgungsanteil entspricht dem Kreditbetrag minus Restschuld.

Gehen Sie zum Feld D17:

> = WENN (ISTFEHL (B16 - B17) ; " " ; B16 - B17)

Wir haben uns bei der Formulierung dieser Formel einer weiteren logischen Funktion bedient: Die Funktion

> **ISTFEHL(Wert)**

liefert als Ergebnis den Wahrheitswert *wahr*, wenn Wert ein Excel-Fehlerwert ist (z.B. #WERT!, #BEZUG!). Wenn entweder das Feld B16 oder das Feld B17 nicht zur Verfügung steht, z.B. weil für dieses Jahr keine Berechnungen anfallen), entsteht eine Fehlersituation. Durch Verwendung der Funktion **ISTFEHL** haben wir diesen Fehler "abgefangen".

Betrachten Sie die weiteren Zeilen dieser Spalte: Sie erkennen, daß die Formel für alle Zeilen gleich ist.

Letzter Monatszins

Gehen Sie zum Feld E16 (Letzter Monatszins):

> = WENN (B16 > 0 ; B16 * Jahreszins / 100 / 12 ; 0)

Ist die Restschuld größer 0, ergibt sich der Zinsaufwand des Monats aus

Restschuld * Monatszins.

Andernfalls (d.h. die Restschuld ist gleich 0) erhält das Feld den Wert 0.

Gehen Sie zum Feld E17:

= WENN (ODER (Laufzeit > 1 ; UND (Laufzeit = 1 ;
Monat1 < 12)) ; WENN (B17 > 0 ;
B17 * Jahreszins / 100 / 12 ; 0) ; " ")

Die Anweisungen dieses Feldes wurden bereits besprochen. Vollziehen Sie die Änderungen der Formeln für die nächsten Jahre nach.

Weitere Formeln

In unserem Arbeitsblatt werden weitere Formeln verwendet, die wir bislang noch nicht erläutert haben. Gehen Sie zum Feld C12:

= WENN (Hilf = 181 ; " " ; Hilf)

Während der Phase der Neuberechnung wird in Feld C12 der momentan berechnete Tilgungsmonat angezeigt. Ist *Hilf* gleich 181, erscheinen Leerzeichen.

Bei einer 15jährigen Laufzeit müssen 180 Iterationen durchgeführt werden (15 * 12 = 180). Das Makro für die Neuberechnung wird als letzten Befehl unserem Hilfsfeld den Wert *181* zuweisen.

Gehen Sie zum Feld D12:

= WENN (Hilf = 181 ; " " ;" berechnete Monate ")

Während im Feld C12 der jeweilige Tilgungsmonat erscheint, steht im Feld D12 der Text "berechnete Monate". Die **WENN**-Bedingung ist analog strukturiert zur **WENN**-Bedingung im Feld C12: Der Text verschwindet, sobald *Hilf* den Wert *181* annimmt.

Für den Anwender, der die Tilgungsberechnung verfolgt, ist der "Zählerstand" deshalb interessant, weil er zu jeder Zeit weiß, wieviele Monate bereits berechnet sind. In dem Moment, wo der letzte Monat (60, 120 oder 180) berechnet wird, verschwindet der "Zählerstand". Die Berechnung ist abgeschlossen.

Abbildung 3.3: Ermittlung des Zinssatzes

	I	J	K	L	M
2	Laufzeit	Zins %	Kreditbetrag	Zins %	
3	==================================				
4	5	2	10000	2	
5	10	2,25	20000	2	
6	15	2,5	30000	2,25	
7			40000	2,25	
8			50000	2,5	
9					
10					
11		2,25		2,25	

Gehen Sie zum Feld J11:

$$= SVERWEIS (Laufzeit ; I4 : J6 ; 2)$$

Die Funktion

SVERWEIS(Suchkriterium;Matrix;Spaltenindex)

sucht in **Matrix** nach einer Zeile, in deren erster Spalte das **Suchkriterium** enthalten ist. Anschließend wird der Wert des durch **Spaltenindex** gekennzeichneten Feldes zurückgegeben. Ein Spaltenindex von 2 wie in unserem Fall gibt den Wert der zweiten Spalte zurück. Wenn **SVERWEIS** das **Suchkriterium** nicht finden kann, nimmt sie den größten Wert, der kleiner oder gleich dem **Suchkriterium** ist. Ist das **Suchkriterium** kleiner als der kleinste Wert in der ersten Spalte der **Matrix**, entsteht eine Fehlersituation. Wenn Sie beispielsweise *Laufzeit* auf einen der Werte zwischen 1 und 4 setzen, entsteht in unserem Beispiel die beschriebene Fehlersituation.

Wenn Sie andererseits für *Laufzeit* einen Wert größer 15 angeben, gibt die Funktion den Wert in der untersten Spalte der **Matrix** zurück.

Gehen Sie zum Feld L11:

$$= SVERWEIS (Kreditbetrag ; K4 : L8 ; 2)$$

In Abhängigkeit vom Kreditbetrag ergibt sich für dieses Feld die Höhe des Zinssatzes. Welcher Zinssatz dem jeweiligen Darlehensbetrag zugeordnet ist, können Sie ebenfalls Abbildung 3.3 entnehmen.

Der Zinssatz für das Darlehen ergibt sich aus der Summe von J11 und L11. Bei der Verwendung der Funktion **SVERWEIS** sind einige Besonderheiten zu beachten, die allerdings für unser Beispiel nicht zutreffen. Vollziehen Sie die Ausführungen im Handbuch nach, wenn Sie die Funktion näher kennenlernen möchten.

Der Einsatz der Funktion **SVERWEIS** (bzw. der analog aufgebauten Funktion **WVERWEIS**) bietet sich beispielsweise an, wenn ein Unternehmen Rabatte nach bestimmten Staffeln gewährt, beispielsweise einen bestimmten Rabattsatz, wenn der Kunde eine vorgegebene Umsatzhöhe erreicht. Auch die Ermittlung von Provisionen anhand von Provisionsstaffeln, z.B. für Außendienstmitarbeiter, läßt sich auf einfache Art mit Hilfe der Funktionen **SVERWEIS** bzw. **WVERWEIS** erledigen.

Die Neuberechnung

Nachdem wir die Tabelle beschrieben haben, wollen wir - bevor wir zu den Makros kommen - eine Neuberechnung durchführen. Drücken Sie STRG-n, um das Makro, das die Neuberechnung realisiert, aufzurufen!

Excel berechnet jetzt Monat-für-Monat jeden Wert, der im Rahmen des Tilgungsverlaufs benötigt wird, immer wieder neu. Die Ermittlung des Tilgungsplans einer 10jährigen Laufzeit nimmt einige Minuten in Anspruch. Das Makro ist beendet, wenn der Hinweis, welcher Monat momentan berechnet wird, verschwindet.

Neben den im Auswahlbild aufgeführten Makros können Sie lediglich das Makro *Neuberechnen* über einen Tastenschlüssel aufrufen (STRG-n). Dadurch konnten Sie die Arbeitsweise dieses Makros bereits jetzt kennenlernen.

Die weiteren innerhalb der Anwendung benötigten Makros können nur über eine spezielle Menüleiste, die wir erst noch definieren müssen, aufgerufen werden.

Sie werden für das Durcharbeiten des nächsten Abschnittes ebensoviel Zeit benötigen wie für den ersten Abschnitt. Es ist zu empfehlen, den Makro-Teil "an einem Stück" durchzuarbeiten. Bevor Sie mit diesem Teil beginnen, sollten Sie daher vielleicht eine Pause einlegen.

DIE MAKROS

Drücken Sie STRG-w, um zum Auswahlbild zu gelangen (s. Abbildung 3.4). Sie können dem Auswahlbild entnehmen, daß wir 6 Makros vorbereitet haben. Die ersten drei Makros mögen für Sie zum jetzigen Zeitpunkt etwas ungewöhnlich erscheinen; auf ihre Arbeitsweise werden wir aber im weiteren Verlauf dieses Kapitels ausführlich eingehen.

Abbildung 3.4: Auswahlbild

```
        S         T            U              V            W       X
 2  ===========================================================
 3  : Beispiel AG  : TILGUNGSPLÄNE   :    Datei - 3TILGUNG    :
 4  :              : - Darlehen -    :    Datum - 8.6.92      :
 5  :-----------------------------------------------------------  :
 6  :            Tastendruck          Makro                       :
 7  :            -----------------------------------------------  :
 8  :            STRG-d               Definieren Menüleiste 10    :
 9  :            STRG-s               Aktivieren Standardmenü     :
10  :                                 (Menüleiste 1)             :
11  :            STRG-a               Aktivieren Anwendermenü     :
12  :                                 (Menüleiste 10)            :
13  :                                                            :
14  :            STRG-m               Sprung  zu  den  Makros     :
15  :            STRG-t               Sprung  zur  Tabelle        :
16  :-----------------------------------------------------------  :
17  :            STRG-w               Zurück  zur  Auswahl        :
18  ===========================================================
19              Menüleiste 10 aktiviert? NEIN
```

Wir wollen die Beschreibung der Makros mit dem Makro *Neuberechnen* beginnen, das Sie zuvor bereits einmal aufgerufen haben.

Makro: Neuberechnen

Drücken Sie STRG-m, um zur Makrovorlage zu gelangen. Sie sehen das Makro *Neuberechnen* (s. Abbildung 3.5).

Gehen wir das Makro schrittweise durch. Zunächst (Feld A2) wird die Tabelle 3TILGUNG.XLS aktiviert. Anschließend wird mit Hilfe der Makrofunktion

> **BERECHNEN(Typ;Iteration;Max;Änderung;Aktualisieren;**
> **Genauigkeit,1904;Berechnen_Speichern;Wert_Speichern;**
> **Alternativ_berechnen;Alternativ_Formel)**

die Iteration eingeschaltet (Feld A3). **BERECHNEN** entspricht der Befehlsfolge **Optionen - Berechnen**.

Abbildung 3.5: Makro Neuberechnen

	A	B
1	Neuberechnen	STRG-n
2	=AKTIVIEREN("3tilgung.xls")	Zähler:
3	=BERECHNEN(3;WAHR;1)	121
4	=WERT.FESTLEGEN(zähler;0)	Zähler erhält Wert 0
5	=AUSWAHLEN("hilf")	Sprung nach Feld "Hilf"
6	=FORMEL('3TILGUNG.XLM'!B3)	Zähler ---> Hilf
7	=DATEI.BERECHNEN()	Berechnen der Datei
8	=SOLANGE(zähler<='3TILGUNG.XLS'!Laufzeit*12)	BEGINN SCHLEIFE
9	=DATEI.BERECHNEN()	Berechnen der Datei
10	=WERT.FESTLEGEN(zähler;zähler+1)	Erhöhen Zählerwert um 1
11	=FORMEL('3TILGUNG.XLM'!zähler)	Zähler ---> Hilf
12	=WEITER()	ENDE DER SCHLEIFE
13	=FORMEL(181)	Zuweisen des Endewertes
14	=DATEI.BERECHNEN()	Berechnen der Datei
15	=RÜCKSPRUNG()	Ende des Makros

Geben Sie die Befehlsfolge **Optionen - Berechnen** ein und betrachten Sie das Dialogfenster.

Typ gibt den Berechnungstyp an (unterer Block des Dialogfensters): Wir haben Option *3* gewählt, um die automatische Berechnung des Arbeitsblattes auszuschalten. Fortan erfolgen Neuberechnungen nur noch "Auf Befehl".

Iteration benötigt einen Wahrheitswert: Wir haben *wahr* eingegeben, um die Iteration einzuschalten.

Max legt die maximale Anzahl an Iterationsschritten fest, die bei einer Neuberechnung der Tabelle durchgeführt werden. Da wir monatlich jeweils eine Berechnung durchführen wollen, haben wir hier den Wert *1* eingetragen.

Auf die Angabe der weiteren Parameter konnten wir an dieser Stelle verzichten. Drücken Sie die RETURN-Taste, um das Dialogfenster wieder zu schließen.

Die Anweisung in Feld A4 unseres Makros *Neuberechnen* legt für das Feld *Zähler* den Wert *0* fest. Die Makrofunktion

WERT.FESTLEGEN(Bezug;Werte)

ändert den Wert der durch **Bezug** angegebenen Felder in die genannten **Werte**. Die Funktion kann sinnvollerweise zum Zuweisen von Anfangswerten oder zum Ausführen von Schleifen während der Berechnung eines Makros angewandt werden. **Bezug** muß ein Bezug auf Felder in der Makrovorlage sein.

Wir haben innerhalb unserer Makrovorlage dem Feld B3 den Namen *Zähler* zugewiesen. Die Anweisung bewirkt demnach, daß in das Feld B3 der Wert *0* eingestellt wird.

Die Anweisung in Feld A5 bewirkt, daß der Cursor zum Feld *Hilf* der Tabelle springt.

Die Anweisung in Feld A6 bewirkt, daß der Wert des Feldes *Zähler* nach *Hilf* übertragen wird. Damit speichern *Zähler* in der Makrovorlage und *Hilf* in der Tabelle den gleichen Wert.

Die Anweisung in Feld A7 bewirkt, daß die Datei berechnet wird. Die Makrofunktion

DATEI.BERECHNEN()

entspricht der Befehlsfolge **Optionen - Berechnen - Neu berechnen** und berechnet die aktive Datei.

Excel verfügt über verschiedene Möglichkeiten, um eine **Schleife** zu programmieren. Eine Variante haben Sie am Ende des zweiten Kapitels kennengelernt: Mit Hilfe der Makrofunktion **GEHEZU** haben Sie eine Endlosschleife programmiert.

In diesem Beispiel haben wir die Makrofunktion

SOLANGE(Wahrheitswert_Prüfung)

verwendet. Diese Funktion startet eine **SOLANGE-WEITER**-Schleife. Sie führt die Anweisungen von der Anweisung **SOLANGE** bis zur Anweisung **WEITER** solange aus, bis **Wahrheitswert_Prüfung** *falsch* ist.

Wenn **Wahrheitswert_Prüfung** bereits beim ersten Erreichen der **SOLANGE**-Anweisung *falsch* ist, wird die Schleife übersprungen und das Makro setzt nach der **WEITER**-Anweisung fort. Betrachten Sie die Anweisungen innerhalb der Schleife:

```
=SOLANGE(Zähler<='3TILGUNG.XLS'!Laufzeit*12)

    =DATEI.BERECHNEN()

    =WERT.FESTLEGEN(Zähler;Zähler+1)

    =FORMEL('3tilgung.xlm'!Zähler)

=WEITER()

=FORMEL(181)
```

Dadurch, daß Zähler den Ausgangswert *0* erhalten hat, wird die Schleife "Laufzeit*12" mal durchlaufen, d.h. bei einer 10jährigen Laufzeit insgesamt 120 mal. Bei jedem Schleifendurchlauf wird das Arbeitsblatt neu berechnet (pro Monat eine Berechnung), der Zähler wird um den Wert 1 erhöht, und der neue Zählerwert wird in das Feld *Hilf* der Tabelle übertragen.

Sobald *Zähler* bei einer 10jährigen Laufzeit den Wert *121* annimmt, ist die Bedingung nicht mehr erfüllt und das Makro setzt die Ausführung mit der Anweisung

= FORMEL (181)

in Feld A13 fort. Diese Anweisung weist dem Feld *Hilf* den Endewert *181* zu. Zur Erinnerung: Dieser Wert wird von verschiedenen Feldern unserer Tabelle abgefragt, um zu ermitteln, ob momentan eine Neuberechnung erfolgt.

Die Anweisung in Feld A14 veranlaßt ein abschließendes Neuberechnen der Tabelle, nachdem *Hilf* den Wert *181* erhalten hat. Dadurch verschwindet beispielsweise der Zählerstand mit dem Hinweis, welcher Monat gerade berechnet wird.

Excel verfügt über eine weitere Möglichkeit zur Programmierung einer Schleife. Die Makrofunktion

FÜR(Zählername;Anfang;Ende;Schrittweite)

leitet eine **FÜR-WEITER**-Schleife ein. **Zählername** muß ein in Textform angegebener Name sein. Zunächst wird **Zählername** auf den Wert **Anfang** gesetzt. Ist **Zählername** größer **Ende**, wird die Ausführung mit der Anweisung nach der **WEITER**-Anweisung fortgesetzt. Ist **Zählername** kleiner oder gleich **Ende**, erfolgt ein weiterer Schleifendurchlauf.

Auf die Angabe von **Schrittweite** kann verzichtet werden. Hierbei handelt es sich um den Wert, den Excel nach jedem Schleifendurchlauf zum **Zählername** addiert. Wenn Sie auf die Angabe dieses Wertes verzichten, wird ein Wert von *1* angenommen.

In siebten Kapitel werden Sie ein Beispiel für die Anwendung der Makrofunktion **FÜR** kennenlernen.

Sprungmakros

Um schneller zu bestimmten Stellen der Tabelle und zu den Makros zu gelangen, haben wir drei Sprungmakros vorbereitet (s. Abbildung 3.6)

Abbildung 3.6: Sprungmakros

	A	B
19	Sprung_Auswahl	STRG-w
20	=AKTIVIEREN("3TILGUNG.XLS")	Aaktivieren Tabelle
21	=FORMEL.GEHEZU("Z1S19";WAHR)	Sprung zur Auswahl
22	=RÜCKSPRUNG()	Ende des Makros
23		
24		
25		
26		
27	Sprung_Makros	STRG-m
28	=AKTIVIEREN("3TILGUNG.XLM")	Aktivieren Makrovorlage
29	=FORMEL.GEHEZU("Z1S1")	Sprung nach Feld
30	=FORMEL.GEHEZU("Z17S1")	A17
31	=RÜCKSPRUNG()	Ende des Makros
32		
33		
34		
35	Sprung_Tabelle	STRG-t
36	=AKTIVIEREN("3TILGUNG.XLS")	Aktivieren Tabelle
37	=FORMEL.GEHEZU("Z1S1")	Sprung nach Feld A1
38	=RÜCKSPRUNG()	Ende des Makros

Die in den Sprungmakros verwendeten Makrofunktionen sind bereits besprochen worden, so daß auf weitere Erklärungen verzichtet werden kann.

Sie können Sprungmakros immer dann sinnvoll einsetzen, wenn ein Arbeitsblatt aus mehreren Komponenten besteht. Sie müssen sich dann beispielsweise nicht mehr merken, wo Sie die einzelnen Komponenten plaziert haben. Sie sollten daher bei der Erstellung eigener Anwendungen nie auf den Einsatz von Sprungmakros verzichten.

Autoexec-Makro

Abbildung 3.7 zeigt das Autoexec-Makro. Dieses Makro wird aufgerufen, nachdem Sie die Datei 3TILGUNG.XLS geladen haben.

Abbildung 3.7: Autoexec-Makro

	A	B
42	Beginn	ohne Tastenschlüssel
43	=BERECHNEN(3;WAHR;1)	Einschalten Iteration
44	=FORMEL.GEHEZU("Z1S19";WAHR)	Sprung zur Auswahl
45	=FORMEL("NEIN";'3TILGUNG.XLS'!V19)	
46	=FENSTER.VOLLBILD()	Vollbild
47	=RÜCKSPRUNG()	Ende Autoexec-Makro

Um das Autoexec-Makro ausführen zu können, haben wir einem Feld aus 3TILGUNG.XLS über die Befehlsfolge **Formel - Namen festlegen** den Namen *Auto_Öffnen* gegeben, einschließlich eines Verweises auf das Makro "Beginn" der Makrovorlage.

Das Makro schaltet zunächst mit Hilfe der Makrofunktion **BERECHNEN** in den Iterationsmodus. Damit stellen die Makros *Neuberechnen* und *Beginn* sicher, daß in jedem Fall während der Neuberechnung im Iterationsmodus gearbeitet wird. Zur Erinnerung: Diesen Befehl hatten wir auch dem Makro *Neuberechnen* hinzugefügt.

Anschließend erfolgt der Sprung zum Auswahlbild. In das Feld V19 von 3TILGUNG.XLS wird das Wort "NEIN" eingestellt. Dies ist ein Hinweis darauf, daß unsere selbstdefinierte Menüleiste noch nicht aktiviert ist.

Schließlich realisiert der Befehl **FENSTER.VOLLBILD** die "volle Anzeige" der Tabelle.

Makro: Aktivieren Standardmenü

Abbildung 3.8 zeigt das Makro *Aktivieren Standardmenü*.

Abbildung 3.8: Makro Aktivieren Standardmenü

	A	B
50	Standardmenü	STRG-s
51	=MENÜLEISTE.ZEIGEN(1)	Aktivieren Standardmenü
52	=RÜCKSPRUNG()	

Bevor wir auf die einzige Anweisung dieses Makros

=MENÜLEISTE.ZEIGEN(1)

eingehen, sind einige Erklärungen zum Arbeiten mit selbsterstellten Menüs erforderlich.

Die Excel-Befehlstruktur besteht aus

Menüleisten,

Menüs und

Befehlen,

wobei Excel über sechs eigene Menüleisten verfügt. Immer, wenn Sie mit Excel
arbeiten, ist eine dieser sechs Menüleisten aktiviert. Es können nie mehrere Leisten gleichzeitig angezeigt werden. Excel verfügt über folgende Menüleisten:

```
Menüleiste      Aktives Fenster

1               Ganze Menüs bei Tabellen oder Makrovorlagen
2               Ganze Menüs bei Diagrammen

3               Sämtliche Fenster sind geschlossen
4               Info-Fenster

5               Kurze Menüs bei Tabellen oder Makrovorlagen
6               Kurze Menüs bei Diagrammen
```

In den beiden ersten Kapiteln haben wir fast ausschließlich mit der ersten Menüleiste gearbeitet. Dies ist die Standardmenüleiste (Ganze Menüs), die Sie für das
Arbeiten mit Tabellen und Makrovorlagen nutzen können.

Wenn Sie mit einer Tabelle oder Makrovorlage arbeiten, können Sie die Leisten 1
und 5 wählen, und falls ein Diagramm aktiv ist, die Leisten 2 und 6.

Die Makrofunktion

MENÜLEISTE.ZEIGEN(Kennummer)

zeigt die durch **Kennummer** angegebene Menüleiste an. Weiterhin sind die
Nummern 7 bis 9 von Excel vergeben. Hier werden entsprechend der Menüart
Kontextmenüs definiert. **Kennummer** umfaßt damit den Zahlenbereich von 1 bis
9 sowie die neu definierten eigenen Menüleisten (ab Nummer 10). Eine genaue
Übersicht bietet das Excel-Handbuch "Verzeichnis der Funktionen" bei der Beschreibung der Makrofunktion **BEFEHL.EINFÜGEN**.

Menüs

Zu jeder Menüleiste gehören eine Reihe von Menüs, die Sie öffnen und aus denen
Sie bestimmte Befehle auswählen können. Beispielsweise gehören zur Standardmenüleiste 1, mit der wir im bisherigen Verlauf des Buches gearbeitet haben, die
Menüs **Datei, Bearbeiten, Formel, Format** usw.

<u>Befehle</u>

Zu jedem Menü gehören eine Reihe von Befehlen, die Sie aus dem geöffneten Menü auswählen können. Beispielsweise gehören zum Menü **Datei** der Menüleiste 1 die Befehle **Neu, Öffnen, Schließen** usw.

Makro: Menü_Definieren

Für das Definieren eigener Menüleisten bietet Excel die Makrofunktion

MENÜLEISTE.EINFÜGEN()

an. Diese Funktion gibt die Kennummer für die neue (noch leere) Menüleiste aus. Excel verwendet die Zahlen 1 bis 9. Wenn Sie zum ersten Mal die Funktion **MENÜLEISTE.EINFÜGEN** aufrufen, wird eine Menüleiste mit der Kennummer 10 definiert. Abbildung 3.9 zeigt das Makro.

Abbildung 3.9: Makro Menü_Definieren

	A
56	Menü_Definieren
57	=MENÜLEISTE.EINFÜGEN()
58	=WENN('3TILGUNG.XLM'!$A$57=11;GEHEZU(Doppelt);GEHEZU(Def))
59	Def
60	MENÜLEISTE.ZEIGEN(10)
61	=FORMEL("JA";'3TILGUNG.XLS'!V19)
62	=MENU.EINFÜGEN(10;C56:G60)
63	=MENU.EINFÜGEN(10;C62:G67)
64	=MENU.EINFÜGEN(10;C69:G72)
65	=MENU.EINFÜGEN(10;C74:G75)
66	=MENU.EINFÜGEN(10;C77:G80)
67	=GEHEZU(ende)
68	Doppelt
69	=MENÜLEISTE.LÖSCHEN(11)
70	=WARNUNG("Menüleiste 10 bereits erstellt";3)
71	ende
72	=MENÜLEISTE.ZEIGEN(1)
73	=RÜCKSPRUNG()

Sie können bis zu 15 neue Menüleisten definieren. Da wir in unserer Anwendung lediglich mit einer Menüleiste arbeiten wollen, müssen wir sicherstellen, daß nicht nach jedem Aufruf des Makros *Menü_Definieren* eine weitere Menüleiste erstellt wird. Die Anweisung in Feld A57 definiert eine neue Menüleiste und stellt die Kennummer in dieses Feld (in unserem Beispiel die Nummer 10). Wie können wir nun erreichen, daß Sie - wenn Sie versehentlich das Makro erneut aufrufen - nicht eine **elfte** Menüleiste erzeugen?

Betrachten Sie die Anweisung in Feld A58:

$$=WENN('3TILGUNG.XLS'!\$A\$57=11;$$
$$GEHEZU(Doppelt);GEHEZU(Def))$$

Mit Hilfe der **WENN**-Funktion wird abgefragt, ob in Feld A57 der Wert 11 gespeichert ist. Der Wert 11 ist dann gespeichert, wenn Sie zum zweiten Mal das Makro aufrufen. In einem solchen Fall wird der Definitionsteil des Makros übersprungen und das Makro setzt die Ausführung in Feld A68 fort. Dieses Feld hat über die Befehlsfolge **Formel - Namen festlegen** den Namen *Doppelt* erhalten.

Die Anweisung in Feld A69 bewirkt, daß über die Makrofunktion

MENÜLEISTE.LÖSCHEN(11)

die soeben versehentlich definierte Menüleiste 11 wieder gelöscht wird.

Anschließend wird über die Makrofunktion **WARNUNG** der Hinweis "Menüleiste 10 bereits erstellt" angezeigt. Diese Vorgehensweise stellt sicher, daß Sie lediglich **eine** neue Menüleiste definieren können.

Fassen wir die bisher besprochenen Befehle kurz zusammen:

Mit Hilfe der Makrofunktion

MENÜLEISTE.EINFÜGEN

wird eine neue Menüleiste definiert. Wenn Sie beispielsweise momentan 12 Menüleisten definiert haben, erzeugt der erneute Aufruf dieser Funktion eine Menüleiste mit der Kennummer 13.

Die Makrofunktion

MENÜLEISTE.LÖSCHEN

löscht vorhandene Menüleisten. Wenn Sie beispielsweise 15 Menüleisten definiert haben (die Höchstgrenze) und eine neue hinzufügen wollen, entsteht eine Fehlersituation. Sie müssen vorher eine der 15 Menüleisten, die Sie nicht mehr benötigen, mit Hilfe der Funktion **MENÜLEISTE.LÖSCHEN** entfernen.

Wenn Sie eine bestimmte Menüleiste anzeigen wollen, können Sie die Makrofunktion

MENÜLEISTE.ZEIGEN

verwenden. Sie können mit dieser Funktion zwischen den definierten Menüleisten hin- und herschalten.

Gehen wir jetzt einen Schritt weiter! Wie können Sie einer Menüleiste neue Menüs hinzufügen? Sie können hierzu die Makrofunktion

MENÜ.EINFÜGEN(Kennummer;Menübezug;Position)

verwenden. Diese Funktion fügt ein durch **Menübezug** gekennzeichnetes Menü in die durch **Kennummer** gekennzeichnete Menüleiste ein. **Position** bestimmt die Position des neuen Menüs.

Betrachten Sie unser Makro. Die Anweisung in Feld A61 stellt den Hinweis "JA" in das Feld V19 der Tabelle. Sie wissen nun, daß Menüleiste 7 erstellt ist und daß der erneute Aufruf die oben beschriebene Fehlerbearbeitung auslöst, die in Feld A68 beginnt.

Betrachten Sie die Anweisung in Feld A62:

=MENÜ.EINFÜGEN(10;C56:G60)

Diese Anweisung bewirkt, daß das im Bereich C56 bis G60 definierte Menü in die Menüleiste mit der Kennummer 10 eingefügt wird.

Die Definition der Menüs geht aus Abbildung 3.10 hervor.

Abbildung 3.10: Definition neuer Menüs

	C	D	E	F
56	&Bearbeiten			
57	&Neuberechnen	'3tilgung.xlm'!neuberech		Berechnen des Arbeitsblattes
58	-			
59	&Betrachten	'3tilgung.xlm'!betrachte		Betrachten des Arbeitsblattes
60	&Druck	'3tilgung.xlm'!druck		Ausdrucken des Tilgungsplanes
61				
62	&Kreditbetrag			
63	&10.000 DM	'3tilgung.xlm'!zehn		10.000 DM Kreditbetrag
64	&20.000 DM	'3tilgung.xlm'!zwanzig		20.000 DM Kreditbetrag
65	&30.000 DM	'3tilgung.xlm'!dreißig		30.000 DM Kreditbetrag
66	&40.000 DM	'3tilgung.xlm'!vierzig		40.000 DM Kreditbetrag
67	&50.000 DM	'3tilgung.xlm'!fünfzig		50.000 DM Kreditbetrag
68				
69	&Laufzeit			
70	&5 Jahre	'3tilgung.xlm'!fünf		5 Jahre Laufzeit
71	1&0 Jahre	'3tilgung.xlm'!zehn_jahr		10 Jahre Laufzeit
72	&15 Jahre	'3tilgung.xlm'!fünfzehn		15 Jahre Laufzeit
73				
74	&Fälligkeit			
75	&Datum	'3tilgung.xlm'!datum		Eingabe des Fälligkeitsdatums
76				
77	&Ende			
78	&Mit Speichern	'3tilgung.xlm'!mit		Ende mit Speichern der Tabelle
79	-			
80	&Ohne Speichern	'3tilgung.xlm'!ohne		Ende ohne Speichern der Tabell

Die Definition erfolgt in fünf Spalten. Sie beginnt mit der Angabe des Menünamens. Das kaufmännische Und-Zeichen (&) vor einem Zeichen bewirkt, daß dieses Zeichen am Bildschirm unterstrichen wird. Sie können daraufhin das entsprechende Menü bzw. den entsprechenden Befehl durch Angabe dieses Zeichens bzw. ALT-Zeichen auswählen.

Nachdem Sie den Menünamen festgelegt haben (z.B. **&Bearbeiten**, das "B" wird unterstrichen) enthalten die folgenden Zeilen die Definitionen der Befehle.

Die erste Spalte enthält die Befehlsnamen, z.B. **&Neuberechnen** als ersten Befehl des Menüs **&Bearbeiten**. Wenn ein Feld in der ersten Spalte einen einzelnen Strich (-) enthält, weist diese Position im Menü eine Trennlinie auf.

Zweite Spalte

Die zweite Spalte enthält einen Verweis auf ein Makro, welches nach Auswählen des Befehls zur Ausführung gelangen soll. Wenn Sie beispielsweise ALT-B (Öffnen des Menüs **Bearbeiten**) und anschließend N (Auswahl des Befehls *Neuberechnen*) eingeben, wird das Ihnen bereits bekannte Makro *Neuberechnen* aufgerufen.

Dritte Spalte

Die dritte Spalte enthält keine Informationen und wird ignoriert (nur für den Macintosh).

Vierte Spalte

In der vierten Spalte, die wahlweise ist, steht der Text, der in der Statuszeile erscheint, wenn der Befehl ausgewählt ist. Hier geben Sie einen Text ein, der den entsprechenden Befehl kurz umreißt. Wir haben beispielsweise für das Makro *Neuberechnen* den Text "Berechnen des Arbeitsblattes" gewählt. Dieser Text erscheint in der Statuszeile, wenn Sie sich mit dem Cursor auf dem Befehl *Neuberechnen* befinden.

Fünfte Spalte

Die fünfte Spalte ist ebenfalls wahlweise. Sie gibt einen Hilfepunkt an, der angesprungen wird, wenn Sie die F1-Taste betätigen. Hier können Sie weitere Hilfe-Texte plazieren. Auf die Angabe dieser Spalte haben wir verzichtet.

Nun nehmen Sie sich einige Minuten Zeit, um die Zusammenhänge zwischen den Befehlen

=MENÜ.EINFÜGEN(...)

des Makros *Menü_Definieren* (Abbildung 3.9) und den Definitionen neuer Menüs (Abbildung 3.10) nachzuvollziehen. Die Vorgehensweise ist immer gleich: Der Befehl **MENÜ.EINFÜGEN** verweist auf einen Bereich, in dem die Menüs definiert sind.

Unsere "eigene" Menüleiste besteht demnach aus den Menüs *Bearbeiten*, *Kreditbetrag*, *Laufzeit*, *Fälligkeit* und *Ende*.

Wir wollen nun diese Menüs testen. Rufen Sie - falls Sie dies noch nicht getan haben - das Makro *Menü_Definieren* durch Drücken von STRG-d auf. Aktivieren Sie anschließend durch Drücken von STRG-a die Menüleiste 10. Sie sehen am oberen Bildschirmrand unsere 5 Menüs, wobei jeweils ein Buchstabe unterstrichen ist.

Der Sachbearbeiter aus dem Personalwesen möchte nun für einen Mitarbeiter der Beispiel AG einen Tilgungsplan aufstellen, mit den Daten 40.000 DM Kreditbetrag bei einer 5jährigen Laufzeit. Die "normale" Excel-Menüleiste steht momentan nicht zur Verfügung. Sie können sie jedoch jederzeit durch Drücken von STRG-s wieder aktivieren und durch Drücken von STRG-a wieder zur Menüleiste 10 springen.

Zur Zeit ist Menüleiste 10 aktiviert. Wählen Sie die Befehlsfolge *Bearbeiten - Betrachten*, um nach Feld A1 der Tabelle zu gelangen. Öffnen Sie anschließend das Menü *Kreditbetrag*. Excel zeigt daraufhin ein Dialogfenster mit den Befehlen *10.000 DM*, *20.000 DM*, *30.000 DM*, *40.000 DM* und *50.000 DM*. Wählen Sie den Befehl *40.000 DM* durch Eingabe der Zahl "4". Excel stellt daraufhin den Betrag 40.000 in das Feld *Kreditbetrag*.

Öffnen Sie anschließend durch Drücken von ALT-L das Menü *Laufzeit*. Hier wählen Sie den Befehl *5 Jahre* durch Eingabe der Zahl "5" aus. Excel stellt daraufhin den Wert *5* in das Feld *Laufzeit*.

Öffnen Sie schließlich das Menü *Bearbeiten* und wählen Sie den Befehl *Neuberechnen*. Excel führt daraufhin mit den neuen Daten eine Berechnung der Tabelle aus.

Die Arbeitsweise selbsterstellter Menüs unterscheidet sich nicht von der Arbeitsweise üblicher Excel-Menüs mit der Ausnahme, daß Sie die zu den einzelnen Befehlen gehörenden Anweisungen selbst bestimmen können.

Betrachten wir die zu den einzelnen Befehlen gehörenden Makros. Abbildung
3.11 zeigt die Makros des Menüs *Kreditbetrag*.

Abbildung 3.11: Makros des Menüs Kreditbetrag

	A	B
83	Zehn	ohne Tastenschlüssel
84	=FORMEL(10000;'3TILGUNG.XLS'!Kreditbetrag)	Kreditbetrag: 10.000 DM
85	=RÜCKSPRUNG()	
86		
87	Zwanzig	ohne Tastenschlüssel
88	=FORMEL(20000;'3TILGUNG.XLS'!Kreditbetrag)	Kreditbetrag: 20.000 DM
89	=RÜCKSPRUNG()	
90		
91	Dreißig	ohne Tastenschlüssel
92	=FORMEL(30000;'3TILGUNG.XLS'!Kreditbetrag)	Kreditbetrag: 30.000 DM
93	=RÜCKSPRUNG()	
94		
95	Vierzig	ohne Tastenschlüssel
96	=FORMEL(40000;'3TILGUNG.XLS'!Kreditbetrag)	Kreditbetrag: 40.000 DM
97	=RÜCKSPRUNG()	
98		
99	Fünfzig	ohne Tastenschlüssel
100	=FORMEL(50000;'3TILGUNG.XLS'!Kreditbetrag)	Kreditbetrag: 50.000 DM
101	=RÜCKSPRUNG()	

Die Makros zu diesem Menü sind sehr einfach: Sie stellen lediglich den entsprechenden Kreditbetrag in das Feld *Kreditbetrag* der Tabelle.

Abbildung 3.12 zeigt die noch nicht besprochenen Makros des Menüs *Bearbeiten*
(das Makro *Neuberechnen* wurde bereits besprochen).

Betrachten Sie die Anweisung in Feld A105: Wir haben den Sprung zur Tabelle
dadurch realisiert, daß wir das Makro *Sprung_Tabelle* aufrufen. Damit führen ein
"normales" Makro (*Sprung_Tabelle*) und ein zu einem Befehl gehörendes Makro
die gleichen Anweisungen aus.

Wir hätten auf das Schreiben des Makros *Betrachten* verzichten können und innerhalb der Menüdefinition einen Sprung zum Makro *Sprung_Tabelle* vorsehen
können. Der Vorteil unserer Vorgehensweise liegt darin, daß sämtliche zu den
Menüs gehörenden Makros untereinander gespeichert sind; die Makros, die über
einen Tastenschlüssel aufgerufen werden, sind an anderer Stelle plaziert (eine
Ausnahme bildet das Makro *Neuberechnen*, weil wir die Beschreibung dieses
Makros vorgezogen haben).

Abbildung 3.12: Makros des Menüs Bearbeiten

	A	B
104	Betrachten	ohne Tastenschlüssel
105	=MAKRO.AUSFÜHREN('3TILGUNG.XLM'!Sprung_Tabelle)	Betrachten der Tabelle
106	=RÜCKSPRUNG()	
107		
108	Druck	ohne Tastenschlüssel
109	=AKTIVIEREN("3tilgung.xls")	Drucken der Tabelle
110	=AUSWAHLEN("Z2S1:Z32S4")	
111	=DRUCKBEREICH.FESTLEGEN()	
112	Platz für möglichen LAYOUT-Befehl	
113	=DRUCKEN(1;;;;FALSCH;WAHR;1)	
114	=MAKRO.AUSFÜHREN('3TILGUNG.XLM'!Sprung_Auswahl)	
115	=RÜCKSPRUNG()	

Betrachten Sie das Makro *Druck*. Es realisiert eine Ausgabe des Tabellenbereiches von Z2S1 bis Z32S4. Sollten Sie mit der Ausgabe nicht zufrieden sein, haben wir Feld A112 freigelassen. In dieses Feld könnten Sie beispielsweise einen zusätzlichen **LAYOUT**-Befehl einbringen, um die Ausgabe anders zu gestalten. Wir haben den Parameter **Seitenansicht** der Funktion **DRUCKEN** auf *wahr* gesetzt, damit Sie Gelegenheit erhalten, sich die Ausgabe zunächst auf dem Bildschirm anzusehen.

Abbildung 3.13 zeigt die zum Menü *Laufzeit* gehörenden Makros. Die drei Makros stellen lediglich den entsprechenden Wert in das Feld *Laufzeit* der Tabelle. Betrachten Sie Feld A122. Leider konnten wir nicht den Namen *Zehn* verwenden, weil wir diesen bereits einem der Makros aus dem Menü *Kreditbetrag* zugewiesen haben.

Abbildung 3.13: Makros des Menüs Laufzeit

	A	B
118	Fünf	ohne Tastenschlüssel
119	=FORMEL(5;'3TILGUNG.XLS'!Laufzeit)	Laufzeit: 5 Jahre
120	=RÜCKSPRUNG()	
121		
122	Zehn_Jahre	ohne Tastenschlüssel
123	=FORMEL(10;'3TILGUNG.XLS'!Laufzeit)	Laufzeit: 10 Jahre
124	=RÜCKSPRUNG()	
125		
126	Fünfzehn	ohne Tastenschlüssel
127	=FORMEL(15;'3TILGUNG.XLS'!Laufzeit)	Laufzeit: 15 Jahre
128	=RÜCKSPRUNG()	

Abbildung 3.14 zeigt das zum Menü *Fälligkeit* gehörende Makro.

Abbildung 3.14: Das Makro Datum

	A
131	Datum
132	=MAKRO.AUSFÜHREN('3TILGUNG.XLM'!Sprung_Tabelle)
133	=AUSWÄHLEN("Z5S4")
134	=FORMEL(EINGABE("Geben Sie das Datum in der Form TT.MM.JJ ein";1))
135	=RÜCKSPRUNG()

Das Makro führt einen Sprung zur Tabelle aus, springt nach Feld Z5S4 und verlangt über die Makrofunktion **EINGABE** die Eingabe eines Datums.

Abbildung 3.15 zeigt die zum Menü *Ende* gehörenden Makros.

Abbildung 3.15: Makros des Menüs Ende

	A	B
138	Mit	ohne Tastenschlüssel
139	=MENÜLEISTE.ZEIGEN(1)	Beenden nach vorherigem
140	=MENÜLEISTE.LÖSCHEN(10)	Speichern der Dateien
141	=AKTIVIEREN("3tilgung.xls")	
142	=SPEICHERN()	
143	=AKTIVIEREN("3tilgung.xlm")	
144	=SPEICHERN()	
145	=BEENDEN()	
146	=RÜCKSPRUNG()	
147		
148		
149	Ohne	ohne Tastenschlüssel
150	=MENÜLEISTE.ZEIGEN(1)	Beenden ohne vorheriges
151	=MENÜLEISTE.LÖSCHEN(10)	Speichern der Dateien
152	=BEENDEN()	Excel gibt eine Warnung
153	=RÜCKSPRUNG()	aus

Beide Makros aktivieren zunächst die Menüleiste 1 und löschen die Menüleiste 10. Das Makro *Mit* speichert anschließend die Tabelle und die Makrovorlage und beendet schließlich über die Makrofunktion **BEENDEN** die Arbeitssitzung mit Excel.

Die Makros unterscheiden sich lediglich dadurch, daß beim Makro *Mit* die Dateien vor dem Aufruf der Makrofunktion **BEENDEN** gespeichert werden. Die Makrofunktion **BEENDEN** arbeitet so, daß Sie für den Fall, daß noch ungespeicherte Dateien geladen sind, gefragt werden, ob Sie diese vor dem Beenden der Arbeitssitzung speichern wollen. Der Unterschied zwischen den Makros *Mit* und *Ohne* ist daher sehr gering.

WEITERE MENÜ-BEFEHLE

Es gibt eine Reihe weiterer Menü-Befehle, die wir für unsere Anwendung aus 3TILGUNG.XLS nicht benötigt haben. Diese Befehle wollen wir im folgenden kurz umreißen.

Die Makrofunktion BEFEHL.EINFÜGEN

Die Makrofunktion

BEFEHL.EINFÜGEN(Kennummer;Menü;Befehlsbezug;Pos)

wird verwendet, wenn Sie einen Befehl zu einem neuen oder einem Excel-Menü hinzufügen wollen.

Kennummer spezifiziert die Menüleiste, der Sie einen Befehl hinzufügen wollen.

Menü teilt mit, in welches Menü ein Befehl eingefügt werden soll.

Befehlsbezug bezieht sich auf einen Bereich in der Makrovorlage, der zur Festlegung der Befehle benutzt wird.

Pos bestimmt die Position des neuen Befehls.

Sie können den Namen des Menüs als Text (z.B. "Bearbeiten"), die Nummer eines Standardmenüs oder die von der Funktion **MENÜ.EINFÜGEN** ausgegebene Nummer verwenden. Die Befehle eines Menüs sind von oben nach unten, beginnend mit 1, durchnumeriert. Die Befehle werden oberhalb der angegebenen Nummer eingefügt. Wird **Pos** nicht angegeben, wird der Befehl an das Ende des Menüs hinzugefügt.

Die Makrofunktionen MENÜ.LÖSCHEN und BEFEHL.LÖSCHEN

Mit Hilfe der Makrofunktionen

MENÜ.LÖSCHEN(Kennummer;Menü)

und

$$BEFEHL.LÖSCHEN(Kennummer;Menü;Befehl)$$

können Sie einzelne Menüs bzw. Befehle löschen.

Die Makrofunktion BEFEHL.UMBENENNEN

Die Makrofunktion

$$BEFEHL.UMBENENNEN(Kennummer;Menü;Befehl;Name)$$

gibt dem Befehl in der Position **Befehl** im Menü **Menü** in der Menüleiste **Kennummer** den Namen **Name**.

Die Makrofunktion BEFEHL.AKTIVIEREN

Die Makrofunktion

$$BEFEHL.AKTIVIEREN(Kennummer;Menü;Befehl;Aktivieren)$$

deaktiviert, falls **Aktivieren** *falsch* ist, den durch **Kennummer**, **Menü** und **Befehl** gekennzeichneten Befehl. Deaktivierte Befehle erscheinen hinterlegt und können nicht ausgewählt werden.

Wenn **Aktivieren** *wahr* ist, wird der Befehl wieder aktiviert.

Die Makrofunktion MENÜLEISTE.ZUORDNEN

Die Makrofunktion

$$MENÜLEISTE.ZUORDNEN()$$

liefert als Ergebnis die Nummer der momentan aktiven Menüleiste. Diese wird dann benötigt, wenn Sie für eine bestimmte Operation wissen müssen, welche Menüleiste momentan aktiv ist.

ZUSAMMENFASSUNG

Sie haben in diesem Kapitel zunächst eine Reihe von Tabellenfunktionen kennengelernt, die wir für den Aufbau unseres Arbeitsblattes benötigt haben. Sie haben erfahren, daß durch den Einsatz solcher Funktionen und mit Hilfe der Iteration die Berechnung relativ komplexer Werte möglich ist.

Im zweiten Teil des Kapitels wurden Ihnen Makrofunktionen vorgestellt, mit denen Sie die üblichen Excel-Menüleisten am oberen Bildschirmrand durch individuelle, auf die Anwendung zugeschnittene Menüleisten ersetzen können.

Dadurch war es möglich, die Abläufe innerhalb des Arbeitsblattes nach eigenen Vorstellungen zu gestalten.

LITERATUR:

Busse von Colbe, W./Laßmann, G.: Betriebswirtschaftstheorie, Band 3, Investitionstheorie, 3. Auflage, Berlin, Heidelberg, New York, Tokyo 1988.

Däumler, K.-D.: Grundlagen der Investitions- und Wirtschaftlichkeitsrechnung, Verlag Neue Wirtschaftsbriefe GmbH, Herne/Berlin 1976.

Ders., Betriebliche Finanzwirtschaft, Herne/Berlin 1980.

Ders., Finanzmathematisches Tabellenwerk für Praktiker und Studierende, Herne/Berlin 1978.

Schneider, D.: Investition und Finanzierung, 5. Aufl.. Wiesbaden 1980.

Schwarze, J.: Mathematik für Wirschaftswissenschaftler, Band 2, Verlag Neue Wirtschaftsbriefe GmbH, Herne/Berlin 1981.

Süchting, J.: Finanzmanagement, 5. Aufl., Wiesbaden 1989.

ÜBUNG

Laden Sie die Datei 3UEBUNG.XLS. Diese Datei enthält die nach Aufnahme eines Darlehens zur Ermittlung der finanziellen monatlichen und jährlichen Belastung notwendigen Daten. Die Aufstellung eines Tilgungsplans ist nicht vorgesehen.

Wir haben die gleichen Feldbezeichnungen (z.B. "Kreditbetrag" oder "Laufzeit") wie innerhalb des Arbeitsblattes aus 3TILGUNG.XLS verwendet.

Schreiben Sie folgende Makros:

1. Makro

Dieses Makro soll folgende Aufgaben erfüllen:

o   Sprung nach Feld A1 von 3UEBUNG.XLS.

o Definieren einer Menüleiste (Makrofunktion **MENÜLEISTE.EINFÜGEN**);
   Es ist sicherzustellen, daß nicht mehr als eine zusätzliche Menüleiste definiert
   werden kann.

o Definieren folgender Menüs (für jedes Menü: Makrofunktion
   MENÜ.EINFÜGEN):

   Kreditbetrag zur Festlegung eines der Kreditbeträge 30.000 DM, 60.000 DM
   oder 90.000 DM.

   Laufzeit zur Festlegung einer 4-, 6-, 8- oder 10jährigen Laufzeit.

   Zins zur Festlegung des Zinssatzes. Verheiratete Mitarbeiter erhalten einen
   Zinssatz von 4%, nicht verheiratete Mitarbeiter einen Zinssatz von 5%.

   Bearbeiten - dieses Menü besteht aus den Befehlen *Druck*, um unser (kleines)
   Arbeitsblatt auszugeben, und *Wechsel*, um wieder zur Excel-Menüleiste 1 zu
   wechseln.

Das Makro soll über die Tastenkombination STRG-d aufgerufen werden.

2. Makro

Dieses Makro soll folgende Aufgabe erfüllen:

o Anzeigen der neuerstellten Menüleiste 10 (Makrofunktion: **MENÜLEI-
   STE.ZEIGEN**).

Das Makro soll über die Tastenkombination STRG-a aufgerufen werden.

Weitere Makros

Nachdem die neue Menüleiste definiert ist, müssen Sie noch die zu den einzelnen
Befehlen gehörenden Makros erstellen. Diese Makros sollen wie in der Anwendung 3TILGUNG nur über die Menüleiste und nicht über Tastenschlüssel aufgerufen werden.

Speichern Sie die Makrovorlage in der Datei 3UEBUNG.XLM.

4 INTERAKTIVE MAKROS

Unsere Beispiel AG verfügt über zwei Produktionsbereiche, die jeweils weiter in Sparten aufgeteilt sind. Die Anlagen (Maschinen) sind weitgehend standardisiert und können in verschiedenen Sparten eingesetzt werden. Folgendes Verfahren wird praktiziert, um eine effiziente innerbetriebliche Kostenverrechnung zu erreichen:

o   Bei Neukauf einer Anlage wird eine spezielle Kostenstelle des Rechnungswesens belastet.

o   Das Rechnungswesen "vermietet" die Anlagen an die Produktionsbereiche und belastet die jeweiligen Kostenstellen (Sparten) entsprechend der tatsächlichen Einsatzdauer der Anlagen. Das Ziel der Vermietung besteht darin, die aus dem Neukauf der Anlage entstehenden Kosten (Abschreibungen und Zinsen aufgrund der Kapitalbindung in der Anlage) "gerecht" auf die Nutzer der Anlage zu verteilen.

o   Der Mietsatz ergibt sich dabei aus *Neuwert, Nutzungsdauer, Ausnutzungsgrad* und *Reparaturaufwand* der Anlagen sowie aus den Grunddaten *Zins* und *Anzahl Arbeitstage/Jahr*.

Durch dieses Verfahren soll

o   eine Senkung und bessere Steuerung der Kosten,

o   eine Verringerung der Reservehaltung durch verbesserte Ausnutzung sowie

o   eine gleichmäßige Kostenbelastung bei Inanspruchnahme gleichartiger Anlagen als Voraussetzung für Kostenstellenanalysen

erreicht werden.

Eine Anlage muß folgende Bedingungen erfüllen, um in die Vermietung zu gelangen:

o Austauschbar - Die Anlage muß in mehreren Sparten eingesetzt werden können.

o Langlebig - Die Anlage muß eine Mindestlebensdauer von 4 Jahren haben.

o Wertvoll - Die Anlage muß einen Neuwert von über 5.000 DM haben.

Die Anlagenbuchhaltung (Hauptabteilung Rechnungswesen) hat die Aufgabe erhalten, die Mietsätze zu ermitteln und die pro Anlage gespeicherten Daten auf dem aktuellen Stand zu halten. Da die Aktualisierung der Miettabelle bisher mit großem manuellen Aufwand verbunden war, wurde beschlossen, ein interaktives Arbeitsblatt für die Berechnung und Pflege der Mietdaten zu erstellen.

ZIELE DES KAPITELS

Wir werden Ihnen zunächst ein Arbeitsblatt vorstellen, das die jährliche, monatliche und auf den Arbeitstag bezogene Miete der Anlagen berechnet.

Anschließend erfahren Sie, welche Makro-Befehle Excel bereithält

o zur Erfassung von Daten verschiedener Art (z.B. Zahlen, Texte),

o zur Durchführung von Plausibilitätskontrollen, und

o zur Einrichtung einer sinnvollen Verbindung zwischen den Maschinendaten einerseits und dem Arbeitsblatt andererseits.

Die Makros sind bereits erstellt, so daß Sie Ihr Augenmerk mehr auf das Testen der Makros als auf deren Erstellung richten können.

DAS ARBEITSBLATT

Laden Sie die Datei 4MIETE.XLS. Sie können dem Auswahlbild entnehmen (s. Abbildung 4.1), daß wir wie schon in Kapitel 3 mit einer eigenen Menüleiste arbeiten werden (dazu später mehr).

Abbildung 4.1: Das Auswahlbild

```
        AA        AB          AC             AD          AE    A
   1  ==================================================================
   2  : Beispiel AG  : MIETBERECHNUNG :   Datei - 4MIETE    :
   3  :              :   MASCHINEN    :   Datum - 4.6.92    :
   4  :---------------------------------------------------------------  :
   5  :   Tastendruck          Makro                                    :
   6  :   -----------------------------------------------------------   :
   7  :   STRG-d               Definieren Anwendermenü                  :
   8  :                        (Menüleiste 7)                           :
   9  :                                                                 :
  10  :   STRG-a               Aktivieren Anwendermenü                  :
  11  :                                                                 :
  12  :                                                                 :
  13  :-----------------------------------------------------------------:
  14  :   STRG-w               Zurück zur Auswahl                       :
  15  ==================================================================
```

Wir werden zunächst wieder das Arbeitsblatt beschreiben, das diesmal aus vier
Teilen besteht:

o dem Auswahlbild;
o dem Arbeitsblatt zur Berechnung der Mietsätze;
o den Grunddaten (maschinenunabhängige Daten - Zins und Anzahl Arbeits-
   tage/Jahr);
o der (Hilfs-)Tabelle mit den gespeicherten Maschinendaten.

Bewegen Sie den Cursor zur Tabelle (Feld A1). Abbildung 4.2 zeigt das Arbeits-
blatt zur Mietberechnung. Der obere Teil enthält die Grunddaten der jeweiligen
Maschine. Der zweite Teil zeigt das Ergebnis der Mietberechnung. Vollziehen
Sie die folgende Beschreibung nach:

o Feld E8 enthält die vierstellige Artikel-Nummer zur Identifizierung der Anlage. Es ist sicherzustellen, daß in dieses Feld nur vierstellige Zahlen gelangen
   können.

o Feld E9 enthält die Kurzbezeichnung der Anlage.

o Feld E10 enthält den Neuwert der Anlage. Der Neuwert muß größer 5.000
   DM und kleiner 100.000 DM sein. Nur Anlagen innerhalb dieser Grenzen
   dürfen nach einer Entscheidung des Produktionsleiters vermietet werden. Für
   Anlagen mit einem Neuwert über 100.000 DM werden andere Abrechnungs-
   verfahren angewandt. Es ist sicherzustellen, daß in dieses Feld nur Werte zwischen 5.000 und 100.000 gelangen können.

o Feld E11 enthält die Nutzungsdauer der Anlage in Jahren. Nur Anlagen mit
   einer Nutzungsdauer ab 4 Jahre und kleiner 12 Jahre dürfen vermietet werden.
   Es ist sicherzustellen, daß in dieses Feld nur Werte zwischen 4 und 12 gelangen können.

o Feld E12 enthält den Ausnutzungsgrad der Anlage in Prozent (d.h. zu wieviel
   Prozent wird die Anlage durchschnittlich genutzt und damit tatsächlich vermietet). Es ist sicherzustellen, daß in dieses Feld nur Werte zwischen 5 und 99
   gelangen können.

o Feld E13 enthält den Reparaturaufwand in Prozent. Es ist sicherzustellen, daß
   in dieses Feld nur Werte zwischen 1 und 60 gelangen können.

o Feld E14 berechnet den Faktor Kapitaldienst (Annuitätenfaktor). Dieser Faktor verteilt einen jetzt fälligen Geldbetrag (in unserem Fall die Auszahlung für
   die Anlage) in gleiche Beträge unter Berücksichtigung von Zins und Zinses-
   zins auf die Nutzungsdauer der Anlage, d.h. der Faktor verwandelt eine
   "Einmalzahlung jetzt" in eine Zahlungsreihe. Wenn Sie sich für die mathema-
   tische Herleitung der Formel interessieren, sei an die Literaturangaben des
   dritten Kapitels verwiesen.

Folgende Formel ermittelt den Faktor Kapitaldienst:

$$\frac{\text{ZINS}/100 * (1 + \text{ZINS}/100)^{\text{LAUFZEIT}}}{(1 + \text{ZINS}/100)^{\text{LAUFZEIT}} - 1}$$

Gehen Sie nach Feld E14 und nehmen Sie sich einen Augenblick Zeit, um
nachzuvollziehen, wie wir diese Formel in Excel umgesetzt haben.

o Feld E21 berechnet den Kapitaldienst/Jahr:

   FAKTOR * NEUWERT.

o Feld E23 ermittelt den Kapitaldienst unter Berücksichtigung des Auslastungsgrades:

   E21 * (100/AUSNUTZUNG).

Wenn eine Anlage beispielsweise nur zu 75 % ausgelastet ist (die übrige Zeit
sind Stand- oder Reparaturzeiten), kann sie auch nur für diese Zeit vermietet
werden. Die Mietsätze müssen demnach umso höher sein, je geringer eine
Anlage ausgelastet ist.

Abbildung 4.2: Arbeitsblatt zur Mietberechnung

```
    | A |      B      |      C      | D |         E         | F |G
 1  |===|=============|=============|===|===================|===|==
 2  | : |  Beispiel AG : Mietberechnung eingesetzte Maschinen    | :
 3  | : |-----------------------------------------------------   | :
 4  | : |  ANLAGENBUCHHALTUNG                        4.6.92       | :
 5  | : |-----------------------------------------------------   | :
 6  | : |  GRUNDDATEN MASCHINE                                    | :
 7  | : |                                                        | :
 8  | : |  Artikel-Nummer:          >              3434 <        | :
 9  | : |  Kurzbezeichnung:         > Ventilator Typ D      <     | :
10  | : |  Neuwert (DM):            >         11.000,00 DM <      | :
11  | : |  Nutzungsdauer (Jahre):   >                 8 <         | :
12  | : |  Ausnutzungsgrad (%):     >                20 <         | :
13  | : |  Reparaturaufwand (%):    >                20 <         | :
14  | : |  Faktor Kapitaldienst:    >           0,19432 <         | :
15  | : |-----------------------------------------------------   | :
16  | : |                                                        | :
17  | : |  ERGEBNIS MIETBERECHNUNG                                | :
18  | : |                                                        | :
19  | : |  Werte  /  Jahr :                                       | :
20  | : |                                                        | :
21  | : |  Kapitaldienst:           >          2.137,53 DM <      | :
22  | : |  Kapitaldienst bei Berück-                              | :
23  | : |  sichtigung Auslastung:   >         10.687,66 DM <      | :
24  | : |  Reparaturaufwand:        >          2.200,00 DM <      | :
25  | : |  Miete GESAMT:            >         12.887,66 DM <      | :
26  | : |                                                        | :
27  | : |  Werte  /  Monat :                                      | :
28  | : |                                                        | :
29  | : |  Kapitaldienst:           >            178,13 DM <      | :
30  | : |  Kapitaldienst bei Berück-                              | :
31  | : |  sichtigung Auslastung:   >            890,64 DM <      | :
32  | : |  Reparaturaufwand:        >            183,33 DM <      | :
33  | : |  Miete GESAMT:            >          1.073,97 DM <      | :
34  | : |                                                        | :
35  | : |  Werte  /  Arbeitstag :                                 | :
36  | : |                                                        | :
37  | : |  Miete GESAMT:            >             50,54 DM <      | :
38  | : |                                                        | :
39  |===|=============|=============|===|===================|===|==
```

o Feld E24 ermittelt den durchschnittlichen Reparaturaufwand:

  REPARATUR * NEUWERT / 100.

o Feld E25 ermittelt die Gesamtmiete, die sich aus den Komponenten Kapitaldienst und Reparaturaufwand zusammensetzt:

  E23+E24.

o Feld E29 ermittelt den auf den Monat bezogenen Kapitaldienst:

  FAKTOR * NEUWERT / 12.

o Feld E31 ermittelt den Kapitaldienst unter Berücksichtigung des Auslastungsgrades:

  E29 * (100 / AUSNUTZUNG).

o Feld E32 ermittelt den monatlichen Reparaturaufwand:

  REPARATUR * NEUWERT / 1200.

o Feld E33 ermittelt die monatliche Gesamtmiete:

  E32+E31.

o Feld E37 berechnet die auf den Arbeitstag bezogene Miete. Dieser Wert ist Grundlage der Kostenverrechnung. Pro Arbeitstag wird die entsprechende Kostenstelle mit diesem Wert bei Nutzung der Anlage belastet. Der Wert ergibt sich aus der Jahresmiete dividiert durch die Anzahl Arbeitstage/Jahr:

  E25 / ARBEITSTAGE.

Um die Transparenz der Formeln zu erhöhen, haben wir wieder wichtigen Feldern Bezeichnungen zugewiesen:

Feld E8:	*Artikel_Nummer*	Feld E12:	*Ausnutzung*
Feld E10:	*Neuwert*	Feld E13:	*Reparatur*
Feld E11:	*Laufzeit*	Feld E14:	*Faktor*

Die Grunddaten

Drücken Sie STRG-d, um die "eigene" Menüleiste zu definieren. Drücken Sie anschließend STRG-a zur Aktivierung der Menüleiste. Öffnen Sie durch Drücken von ALT-S das Menü *Sprungbefehle*. Sie können zwischen den Befehlen *Tabelle*, *Hilfstabelle*, *Grunddaten*, *Makros* und *Auswahlbild* wählen. Jeder dieser Befehle bringt Sie zu einem bestimmten Teil unserer Anwendung.

Die Tabelle hatten wir soeben besprochen. Wählen Sie jetzt den Befehl *Grunddaten*, um zu dem Teil unserer Anwendung zu kommen, der die Grunddaten speichert (s. Abbildung 4.3).

Abbildung 4.3: Grunddaten Maschine

```
     A        B              C          D            E            F G
   ┌────┬─────────────────────────────┬───────────────────────────────┐
52 │ ================================================================= │
53 │ :  Beispiel AG : Mietberechnung eingesetzte Maschinen          :  │
54 │ :  -----------------------------------------------------------  :  │
55 │ :     Maschinenunabhängige Werte                    4.6.92      :  │
56 │ :  -----------------------------------------------------------  :  │
57 │ :                                                               :  │
58 │ :     Kalkulationszins (%):          >         11,00 <          :  │
59 │ :     (4 - 12 %)                                                :  │
60 │ :                                                               :  │
61 │ :     Anzahl Arbeitstage / Jahr   >              255 <          :  │
62 │ :     ( 240 - 260 Tage)                                         :  │
63 │ :  -----------------------------------------------------------  :  │
64 │ :     Zurück zur Tabelle:   STRG-w                              :  │
65 │ ================================================================= │
   └──────────────────────────────────────────────────────────────────┘
```

Wir benötigen für unsere Berechnungen zwei Werte, die wir von der Erfassung der Maschinendaten trennen müssen, da sie maschinenunabhängig sind: Der Zins zur Ermittlung des Kapitaldienstes und die Anzahl Arbeitstage/Jahr, um die auf den Arbeitstag bezogene Miete zu ermitteln. Vollziehen Sie die folgende Beschreibung nach:

o Feld E58 enthält den Zinssatz, der Werte zwischen 4 und 12 % annehmen darf. Wir haben diesem Feld die Bezeichnung *Zins* zugewiesen.

o Feld E61 enthält die Anzahl Arbeitstage/Jahr. Der Gültigkeitsbereich liegt hier zwischen 240 und 260 Tagen. Diesem Feld haben wir die Bezeichnung *Arbeitstage* zugewiesen.

Die Hilfstabelle

Öffnen Sie das Menü *Sprungbefehle* und wählen Sie den Befehl *Hilfstabelle*, um zur Hilfstabelle zu gelangen. In der Hilfstabelle finden Sie die Werte, die Sie bereits bei der Beschreibung der Tabelle kennengelernt haben (s. Abbildung 4.4). Da die Hilfstabelle für unsere Anwendung eine zentrale Funktion einnimmt, werden wir uns noch intensiv mit ihr zu beschäftigen haben. Eine ausführliche Beschreibung erfolgt im Rahmen der Beschreibung der Makros.

Abbildung 4.4: Die Hilfstabelle

	M	N	O	P	Q	R	S	T
1	:	==						:
2	:	GRUNDDATEN / MASCHINE durch STRG-w zurück zur Auswah						:
3	:	--						:
4	:	Art.			Nutzungs-		Rep.	:
5	:	Nr.		Neuwert	dauer	Ausl.	Aufw.	:
6	:	(4st.) Kurzbezeichnung		(DM)	(Jahre)	(%)	(%)	:
7	:	--						:
8	:	2355 Hydraulikpumpe		12000	4	80	25	:
9	:	3333 Bohrer Typ D		11500	5	70	50	:
10	:	3434 Ventilator Typ D		11000	8	20	20	:
11	:	4213 Kühler		10500	3	50	12	:
12	:	4567 Getriebe		12500	4	70	50	:
13	:	5075 Saugpumpe		11000	9	10	11	:
14	:	5123 Kreiselpumpe		18000	11	70	30	:
15	:	5467 E-Motor Typ E		15000	4	16	8	:
16	:	5556 Brechergetriebe		12500	6	40	50	:
17	:	5745 Kolbenpumpe		10500	6	65	35	:
18	:	6785 E-Motor		25000	4	88	45	:
19	:	7333 Gabelstapler		12000	5	95	30	:
20	:	8999 Beleuchtungsstat.		35000	5	90	20	:
21	:	9222 Transformator		32000	12	85	45	:
22	:	9900 Bohrer		12000	5	70	50	:
23	:							:
24	:							:
25	:							:

Nachdem Sie die einzelnen Komponenten von 4MIETE.XLS kennengelernt haben, werden wir uns im folgenden den Makros zuwenden.

DIE MAKROS

Öffnen Sie das Menü *Sprungbefehle* und wählen Sie den Befehl *Makros*, um zur Makrovorlage 4MIETE.XLM zu gelangen.

Das Autoexec-Makro

Bewegen Sie den Cursor nach Feld A1 der Makrovorlage. Abbildung 4.5 zeigt das Autoexec-Makro. Es bewirkt, daß der "normale" Berechnungsmodus wieder eingeschaltet wird. Möglicherweise arbeiten Sie, wenn Sie die Bearbeitung von Kapitel 3 abgeschlossen haben, noch im Iterationsmodus. Der Befehl

BERECHNEN(1;FALSCH)

bewirkt einerseits das Ausschalten des Iterationsmodus sowie andererseits das Umschalten auf die automatische Neuberechnung der Tabelle. Diese hatten wir für die Anwendung 3TILGUNG.XLS ausgeschaltet, so daß hier Neuberechnungen nur "Auf Befehl" erfolgten. Die Makrofunktion **BERECHNEN** entspricht der Befehlsfolge **Optionen - Berechnen**.

Abbildung 4.5: Das Autoexec-Makro

	A	B
1	Beginn	ohne Tastenschlüssel
2	=BERECHNEN(1;FALSCH)	Festlegen Berechnungsmodus
3	=FORMEL.GEHEZU("Z1S27";WAHR)	Sprung zum Auswahlbild
4	=FENSTER.VOLLBILD()	
5	=RÜCKSPRUNG()	Ende Autoexec-Makro

Der Befehl in Feld A3 bewirkt den Sprung zum Auswahlbild.

Makro: Menü_Definieren

Abbildung 4.6 zeigt das Makro, das unsere "eigene" Menüleiste definiert. Das Makro ist vom Aufbau identisch mit dem entsprechenden Makro aus Kapitel 3. Da wir zudem die gleichen Makrofunktionen verwendet haben, erscheinen zusätzliche Erklärungen an dieser Stelle nicht erforderlich zu sein.

Abbildung 4.6: Das Makro Menü_Definieren

	A
9	Menü_Definieren
10	=MENÜLEISTE.EINFÜGEN()
11	=WENN('4MIETE.XLM'!$A$10=11;GEHEZU(Doppelt);GEHEZU(Def))
12	Def
13	=MENÜLEISTE.ZEIGEN(10)
14	=MENÜ.EINFÜGEN(10;C1:G12)
15	=MENÜ.EINFÜGEN(10;C15:G20)
16	=MENÜ.EINFÜGEN(10;C23:G26)
17	=GEHEZU(ende)
18	Doppelt
19	=MENÜLEISTE.LÖSCHEN(11)
20	=WARNUNG("Menüleiste 10 bereits erstellt";3)
21	ende
22	=MENÜLEISTE.ZEIGEN(1)
23	=RÜCKSPRUNG()

Wir haben innerhalb unserer Menüleiste 10 drei Menüs definiert. Das Menü *Bearbeiten* ist im Bereich C1:G12, das Menü *Sprungbefehle* im Bereich C15:G20, und das Menü *Ende* im Bereich C23:G26 der Makrovorlage definiert (s. Abbildung 4.7).

Abbildung 4.7: Definition der drei Menüs

	C	D	E	F
1	&Bearbeiten			
2	&Aktivieren Standardmenü	'4miete.xlm'!Aktivieren_Standardmenü		Wechsel zum Standardmenü
3	-			
4	&Neue Maschine	'4miete.xlm'!Neue_Maschine		Erfassen neuen Datensatz
5	&Verändern Datensatz	'4miete.xlm'!Verändern_Datensatz		Verändern eines Datensatze
6	&Löschen Datensatz	'4miete.xlm'!Löschen_Datensatz		Löschen eines Datensatzes
7	-			
8	&Betrachten/Drucken	'4miete.xlm'!Drucken_Tabelle		Drucken der Tabelle
9	-			
10	&Speichern	'4miete.xlm'!Speichern_Tabelle		Speichern der Tabelle
11	-			
12	&Grunddaten Ändern	'4miete.xlm'!Grunddaten_Ändern		Ändern der Grunddaten
13				
14				
15	&Sprungbefehle			
16	&Tabelle	'4miete.xlm'!Sprung_Tabelle		Sprung zur Tabelle
17	&Hilfstabelle	'4miete.xlm'!Sprung_Hilfstabelle		Sprung zur Hilfstabelle
18	&Grunddaten	'4miete.xlm'!Sprung_Grunddaten		Sprung zu den Grunddaten
19	&Makros	'4miete.xlm'!Sprung_Makros		Sprung zur Makrovorlage
20	&Auswahlbild	'4miete.xlm'!Sprung_Auswahlbild		Sprung zum Auswahlbild
21				
22				
23	&Ende			
24	&Mit Speichern	'4miete.xlm'!Mit_Speichern		Beenden mit Speichern
25	-			
26	&Ohne Speichern	'4miete.xlm'!Ohne_Speichern		Beenden ohne Speichern

Auf die Spezifizierung der fünften Spalte der Menüdefinition haben wir wie schon Kapitel 3 verzichtet.

Das Menü *Bearbeiten* enthält folgende Befehle:

o *Aktivieren Standardmenü*, um das Excel-Standardmenü zu aktivieren,

o *Neue Maschine* zur Erfassung einer neuen Maschine,

o *Verändern Datensatz*, um innerhalb eines Datensatzes Veränderungen vorzunehmen,

o *Löschen Datensatz*, um einen Datensatz aus der Hilfstabelle zu entfernen, o *Betrachten/Drucken*, um einen Datensatz aus der Hilfstabelle auszuwählen und das Ergebnis der entsprechenden Mietberechnung zu betrachten und gegebenenfalls auszudrucken,

o *Speichern*, um die Datei 4MIETE.XLS unabhängig davon, in welcher Datei Sie sich gerade befinden, zu speichern, und

o *Grunddaten Ändern*, um die beiden Grunddaten *Zins* und *Arbeitstage/Jahr* zu ändern.

Das Menü *Sprungbefehle* enthält Befehle, um zu den einzelnen Komponenten der Anwendung zu gelangen (Tabelle, Hilfstabelle, Grunddaten, Makros und Auswahlbild).

Das Menü *Ende* enthält die Befehle *Mit Speichern* und *Ohne Speichern*. Die Befehle unterscheiden sich lediglich dadurch, ob vor der Beendigung von Excel die Dateien 4MIETE.XLS und 4MIETE.XLM gesichert werden oder nicht.

Abbildung 4.8 zeigt das Makro, welches die Menüleiste 10 aktiviert. Im Gegensatz zu den zur Menüleiste 10 gehörenden Makros läßt sich dieses Makro über einen Tastenschlüssel aufrufen (STRG-a).

Abbildung 4.8: Aktivierung Anwendermenü

	A	B
26	Aktivieren_Anwendermenü	STRG-a
27	=MENÜLEISTE.ZEIGEN(10)	
28	=RÜCKSPRUNG()	

Sprungmakros

Abbildung 4.9 zeigt die zum Menü *Sprungbefehl* gehörenden Makros. Nur das Makro *Sprung_Auswahlbild* kann auch mit Hilfe eines Tastenschlüssels aufgerufen werden.

Abbildung 4.9: Sprungmakros

	A	B
31	Sprung_Tabelle	ohne Tastenschlüssel
32	=AKTIVIEREN("4miete.xls")	
33	=FORMEL.GEHEZU("Z1S1")	
34	=RÜCKSPRUNG()	
35		
36		
37	Sprung_Hilfstabelle	ohne Tastenschlüssel
38	=AKTIVIEREN("4miete.xls")	
39	=FORMEL.GEHEZU("Z1S13";WAHR)	
40	=RÜCKSPRUNG()	
41		
42		
43		
44	Sprung_Makros	ohne Tastenschlüssel
45	=AKTIVIEREN("4miete.xlm")	
46	=FORMEL.GEHEZU("Z1S1")	
47	=FORMEL.GEHEZU("Z24S1")	
48	=RÜCKSPRUNG()	
49		
50		
51	Sprung_Grunddaten	ohne Tastenschlüssel
52	=AKTIVIEREN("4miete.xls")	
53	=FORMEL.GEHEZU("Z1S1")	
54	=FORMEL.GEHEZU("Z70S1")	
55	=RÜCKSPRUNG()	
56		
57		
58	Sprung_Auswahlbild	STRG-w
59	=AKTIVIEREN("4miete.xls")	Dieses Makro kann durch
60	=FORMEL.GEHEZU("Z1S27";WAHR)	STRG-w und über das
61	=RÜCKSPRUNG()	Menü aufgerufen werden

Makros: Ende

Abbildung 4.10 zeigt die zum Menü *Ende* gehörenden Makros. Da diese Makros mit den entsprechenden Makros aus Kapitel 3 identisch sind, erübrigen sich weitere Erklärungen. Beide Makros unterscheiden sich lediglich dadurch, ob vor dem Verlassen von Excel die Dateien 4MIETE.XLS und 4MIETE.XLM abgespeichert werden oder nicht.

Abbildung 4.10: Ende-Makros

	A	B
65	Mit_Speichern	ohne Tastenschlüssel
66	=AKTIVIEREN("4miete.xlm")	Beenden nach vorherigem
67	=SPEICHERN()	Speichern
68	=AKTIVIEREN("4miete.xls")	
69	=SPEICHERN()	
70	=BEENDEN()	
71	=RÜCKSPRUNG()	
72		
73		
74	Ohne_Speichern	ohne Tastenschlüssel
75	=BEENDEN()	Beenden ohne vorheriges
76	=RÜCKSPRUNG()	Speichern

Zwei weitere Makros

Zwei weitere Makros trennen uns noch vom Beginn der Beschreibung der interaktiven Makros. Abbildung 4.11 zeigt die beiden Makros *Aktivieren Standardmenü* und *Speichern Tabelle*. Während Ihnen die Befehle des Makros *Aktivieren Standardmenü* bereits bekannt sind, enthält *Speichern Tabelle* eine Makrofunktion, die wir bislang noch nicht besprochen haben.

Abbildung 4.11: Zwei weitere Makros

	A	B
79	Aktivieren_Standardmenü	ohne Tastenschlüssel
80	=MENÜLEISTE.ZEIGEN(1)	
81	=RÜCKSPRUNG()	
82		
83		
84	Speichern_Tabelle	ohne Tastenschlüssel
85	=DATEI.ZUORDNEN(1)	"Festhalten" aktuelle Datei
86	=AKTIVIEREN("4miete.xls")	Aktivieren 4MIETE.XLS
87	=SPEICHERN()	Speichern 4MIETE.XLS
88	=AKTIVIEREN(A85)	Aktivieren der ursprüngl. Datei
89	=RÜCKSPRUNG()	Ende des Makros

Die Makrofunktion

DATEI.ZUORDNEN(Typ;Name)

liefert als Ergebnis Informationen über die Datei **Name**. Wird **Name** nicht spezifiziert, nimmt Excel an, daß es sich um die aktive Datei handelt.

Mit **Typ** legen Sie fest, welche Dateiinformationen ausgegeben werden. Wenn Sie beispielsweise für **Typ** den Wert 1 angeben, wird der Dateiname ausgegeben. Sie können insgesamt 64 verschiedene Werte für **Typ** festlegen (bei Tabellen und Makrovorlagen) sowie vier weitere für Diagramme.

Sie können beispielsweise den Status für den Dateischutz abfragen, die Anzahl Fenster, den Berechnungsmodus oder die maximale Anzahl Iterationen im Iterationsmodus. Schlagen Sie im Handbuch nach, wenn Sie die Makrofunktion **DATEI.ZUORDNEN** näher kennenlernen möchten.

In unserem Beispiel haben wir diese Makrofunktion dazu benutzt, um "festzuhalten", aus welcher Datei der Befehl *Speichern* aufgerufen wurde. Dazu ein Beispiel:

o Aktivieren Sie die Standardmenüleiste, indem Sie das Menü *Bearbeiten* öffnen und den Befehl *Aktivieren Standardmenü* wählen.

o Laden Sie mit Hilfe der Befehlsfolge **Datei - Öffnen** die Datei 2REWE.XLS, die Ihnen noch aus dem zweiten Kapitel bekannt sein dürfte.

o Sie befinden sich innerhalb der Datei 2REWE.XLS. Aktivieren Sie durch Drücken von STRG-a die Menüleiste 10. Öffnen Sie das Menü *Bearbeiten* und wählen Sie den Befehl *Speichern*. Das Makro aktiviert und sichert die Datei 4MIETE.XLS und springt zurück nach 2REWE.XLS - genau zu der Stelle, an der Sie sich vor dem Sicherungsvorgang befanden.

Wechseln Sie zur Makrovorlage 4MIETE.XLM, indem Sie das Menü *Sprungbefehle* öffnen und den Befehl *Makros* wählen.

Bewegen Sie anschließend den Cursor nach Feld A85 der Makrovorlage. Dieses Feld speichert den Namen der Datei, aus der Sie soeben das Makro aufgerufen haben. Um diesen Dateinamen einsehen zu können, müssen Sie die Option "Formel zeigen" ausschalten. Gehen Sie dazu wie folgt vor:

o Aktivieren Sie die Standardmenüleiste, indem Sie das Menü *Bearbeiten* öffnen und den Befehl *Aktivieren Standardmenü* wählen.

o Öffnen Sie das Menü **Optionen** und wählen Sie den Befehl **Bildschirmanzeige**. Sie sehen die sechs Optionen **Formeln, Gitternetzlinien, Zeilen- und Spaltenköpfe, Nullwerte, Gliederungssymbole** und **Automatischer Seitenumbruch**.

Sie können die Optionen entweder durch Anklicken mit der Maus oder durch Drücken von ALT-Buchstabe ein- bzw. wieder aussschalten. Für den Fall, daß innerhalb des jeweiligen Optionsfeldes ein Kreuz sichtbar ist, haben Sie die entsprechende Option eingeschaltet. Da bei Makrovorlagen die erste Option grundsätzlich eingeschaltet ist, müssen Sie die erste Option, z.B. durch Drücken von ALT-F, ausschalten. Excel zeigt daraufhin nicht mehr die zu den

Feldern gehörenden *Formeln*, sondern - wie in Tabellen auch - deren *Werte* an. Schalten Sie die Option **Formeln** durch Drücken von ALT-F aus.

o   Nachdem Sie das Kreuz aus dem Optionsfeld **Formeln** entfernt haben, drücken Sie die RETURN-Taste, um das Dialogfenster wieder zu schließen. Excel zeigt ab sofort den Inhalt der einzelnen Felder an, z.B. "2REWE.XLS" für Feld A85, und nicht mehr die Formeln.

Makrofunktionen geben Werte zurück. Diese werden momentan angezeigt. In den meisten Fällen handelt es sich um logische Werte, die besagen, ob ein bestimmter Befehl ausgeführt wurde (= *wahr*) oder nicht (= *falsch*). Weitere Informationen zu diesem Thema finden Sie im Excel-Handbuch.

Kommen wir zurück zu unserem Makro *Speichern*. Feld A85 speichert den Namen der Datei, aus dem das Makro aufgerufen wurde. Betrachten Sie die Anweisung in Feld A88:

=AKTIVIEREN(A85)

Mit diesem Befehl wird die ursprüngliche Datei wieder aktiviert, wobei der Dateiname dem Feld A85 entnommen wird.

Bevor wir die Beschreibung der interaktiven Makros beginnen, sollten Sie die ursprüngliche Bildschirmanzeige wieder aktivieren. Öffnen Sie dazu das Menü **Optionen** der Standardmenüleiste und wählen Sie den Befehl **Bildschirmanzeige**: Hier schalten Sie wieder die Option **Formeln** ein.

Interaktive Makros

Interaktiv bedeutet, daß wir Informationen von der Tastatur in den Computer eingeben, während sich das Makro (bzw. das Programm) in der Ausführung befindet. Anders ausgedrückt: Ein Programm sieht einen Dialog zwischen Benutzer und Computer vor, wobei der Verlauf des Dialogs vom Programm gesteuert wird. Ein Programm, das nicht interaktiv ist, das also alle Eingabedaten **vor** dem Beginn des Programmlaufs benötigt, arbeitet im sogenannten Batch-Modus.

In vielen kaufmännischen Bereichen werden inzwischen interaktive Programme eingesetzt. Wir müssen mitunter täglich "Dialoge" mit irgendwelchen Rechnern führen. Bevor wir das erste interaktive Makro beschreiben, sollen zwei Beispiele auf die Probleme bei der Gestaltung interaktiver Programme hinweisen.

Beispiel 1: Der Automat

Sie möchten vor der Fahrt mit öffentlichen Verkehrsmitteln an einem Automat eine Fahrkarte ziehen. Durch Drücken einer bestimmten Taste starten Sie den Dialog mit dem Automat. Der Automat fragt zunächst nach einer bestimmten Preisstufe, die Sie über Tasten eingeben müssen (vielleicht fragt er Sie auch nach dem Zielort und gibt daraufhin den zu zahlenden Betrag an). Anschließend werden Sie aufgefordert, den Preis zu zahlen und erhalten Hinweise zu den Zahlungsmodalitäten, z.B. ob Sie das Geld "passend" einwerfen müssen oder ob die Möglichkeit einer Rückzahlung vorgesehen ist, wenn Sie zu viel Geld eingeworfen haben.

Ein ähnlicher Dialog ist zu führen, wenn Sie ein Parkhaus verlassen und vorher die Parkgebühr entrichten müssen. Welche Möglichkeiten bestehen hier, um den Dialog zu starten? Sie wollen eine Quittung haben. Reichen die Hinweise am Automat aus, um zügig die Quittung zu erhalten? Ist der Ausdruck einer Quittung überhaupt vorgesehen?

Sie werden in der Vergangenheit sicherlich solche oder ähnliche "Dialoge" mit Rechnern geführt haben. Fragen Sie sich kritisch, ob Sie mit den Hinweisen und Arbeitsanleitungen, die die interaktiven Programme bereitstellten, zufrieden waren.

Beispiel 2: Erfassen von Rechnungen

Sie sind innerhalb der Hauptabteilung Organisation und Datenverarbeitung für die Konzeption sämtlicher Anwendungen des Rechnungswesens zuständig. Für die Rechnungserfassung haben Sie folgende Änderung durchgesetzt:

Zu jedem Beleg muß neben zahlreichen anderen Datenfeldern auch das Buchungsdatum eingegeben werden. Sie haben sich überlegt, daß es für den Erfasser sehr lästig sein muß, bei jeder Rechnung immer wieder das gleiche Datum einzugeben. Sie ändern daraufhin das interaktive Programm derart, daß bei jeder Rechnung das Tagesdatum vom Programm vorgegeben und durch Drücken der RETURN-Taste bestätigt wird. Die Erfasser waren erfreut, weil diese Änderung für sie eine Reduzierung des Schreibaufwandes bedeutete.

Leider werden nicht immer alle Belege auch am gleichen Tag eingegeben. Die Erfasser waren bei der Eingabe des Datums inzwischen daran gewöhnt, durch einfaches Drücken der RETURN-Taste das vom Programm vorgegebene Tagesdatum zu bestätigen. Dadurch kam es bei der Erfassung der Belege vom Vortag gelegentlich zu fehlerhaften Buchungen, was in Einzelfällen Auswirkungen auf die automatische Skonto-Ermittlung und das Mahnwesen hatte.

Die durchgeführte Änderung bedeutete zwar eine Reduzierung der Erfassungszeiten, aber durch diese "programmierte Bequemlichkeit" ließ die Konzentration der Erfasser nach und eine sichere Dateneingabe war nicht mehr gewährleistet.

Es wurde daher beschlossen, wieder die ursprüngliche Programmversion einzusetzen und die "Lage neu zu überdenken".

Ziele interaktiver Programme

Bei der Konzeption interaktiver Programme gilt es, zwei grundsätzliche Ziele zu erreichen:

o **Unterstützung bei der Eingabe** - Das Programm muß Hinweise für die Eingabe bereitstellen (z.B. Angaben über den Gültigkeitsbereich);

o **Unterstützung in Fehlersituationen** - Das Programm muß den Anwender auf mögliche Fehler aufmerksam machen (z.B. ein Hinweis, wenn ein Wert außerhalb des Gültigkeitsbereiches eingegeben wurde).

Wenn Sie eine Parkgebühr zu entrichten haben (Beispiel 1 - Der Automat) und die einzelnen Schritte zur Bedienung des Automaten werden nicht erklärt, ist das erste Ziel (Unterstützung bei der Eingabe) nicht erreicht worden.

Wenn Sie bei der Eingabe einer Rechnung ein falsches Buchungsdatum eingeben und der Rechner erkennt diesen Fehler nicht, ist das zweite Ziel nicht erreicht worden. Da es unzählige Fehlervarianten gibt, ist es natürlich nicht möglich, daß ein Programm sämtliche Varianten erkennen kann. Dennoch sollte man bei der Erstellung interaktiver Programme immer versuchen, jede getätigte Eingabe einer Plausibilitätskontrolle zu unterziehen, um dadurch zumindest einige offensichtliche Fehlerquellen von vornherein auszuschließen.

Dialogfelder

In Excel und anderen Windows-Anwendungen sind **Dialogfelder** das am häufigsten verwendete Kommunikationsmittel zwischen Anwender und Programm (bzw. Makro).

Sie haben im Verlaufe dieses Buches bereits mit zahlreichen Standard-Dialogfeldern gearbeitet. Wir wollen im folgenden die Elemente beschreiben, die in Dialogfeldern am häufigsten verwendet werden.

Nehmen wir als erstes Beispiel die Befehlsfolge **Format - Ausrichtung**. Geben Sie diese Befehlsfolge, mit der Sie den Inhalt eines Feldes ausrichten können, ein und betrachten Sie das daraufhin von Excel geöffnete Dialogfenster. Es besteht aus folgenden Komponenten:

o **der Schaltfläche OK,** die mit einem fetten schwarzen Rand gezeigt wird. Diese Option wird ausgewählt, wenn Sie die RETURN-Taste drücken, bzw. die Schaltfläche mit der Maus anklicken. Excel schließt daraufhin das Dialogfenster und gibt die in die Dialogfelder eingegebenen Werte zurück.

o **der Schaltfläche Abbrechen,** die - wenn Sie betätigt wird - das Dialogfenster
  schließt, ohne die zuvor eingegebenen Werte zurückzugeben.

o **der Schaltfläche Hilfe,** mit der Sie sich Erläuterungen zum Befehl
  Ausrichtung ansehen können.

o **10 runden (7 + 3) Optionsfeldern;** aus einem Satz runder Optionsfelder
  können Sie eine Option auswählen. Es können nicht mehrere Optionen
  gleichzeitig aktiviert sein. Beispielsweise können Sie den Inhalt eines Feldes
  nicht gleichzeitig links- und rechtsbündig ausrichten, Sie müssen sich für eine
  Option entscheiden.

o **ein viereckiges Optionsfeld (Kontrollkästchen),** das Sie entweder ein- oder
  ausschalten können. In unserem Beispiel können Sie die Option **Zeilenum-**
  bruch ein- oder ausschalten.

o **vier rechteckigen Optionsfeldern** (s. runde Optionsfelder).

Betrachten wir ein zweites Beispiel: Schließen Sie das geöffnete Dialogfenster
durch Drücken der ESCAPE-Taste und wählen Sie die Befehlsfolge **Format -**
Zellschutz. Excel öffnet daraufhin ein Dialogfenster, das aus drei Komponenten
besteht: den Schaltflächen **OK** und **Abbrechen** sowie zwei viereckigen Optionsfeldern. Im Gegensatz zu den runden Optionsfeldern ist es hierbei möglich, sämtliche Optionen ein- bzw. auszuschalten. Schließen Sie das Dialogfenster durch
Drücken der ESCAPE-Taste.

Betrachten wir ein drittes Beispiel: Wählen Sie die Befehlsfolge **Format - Zei-**
lenhöhe. Sie können unter **Zeilenhöhe** einen numerischen Wert eingeben, der die
Höhe der Zeilen in Bildschirmpunkten festlegt. Wenn Sie Option **Standardhöhe**
einschalten (sichtbar durch das Kreuz innerhalb des viereckigen Optionsfeldes),
wird die Zeilenhöhe auf die von Excel vorgegebene Standardhöhe eingestellt.
Schließen Sie das Dialogfenster durch Drücken der ESCAPE-Taste.

Betrachten wir ein viertes Beispiel: Wählen Sie die Befehlsfolge **Optionen - Da-**
tei schützen. In das unter **Kennwort** vorgegebene Feld können Sie einen beliebigen Text eingeben. Schließen Sie das Dialogfenster durch Drücken der ESCAPE-
Taste.

Fassen wir zusammen ...

Die bisher beschriebenen Dialogfeldelemente ermöglichen

(1)

die Wahl zwischen den Schaltflächen **OK** und **Abbrechen**. Sie wählen **OK**, um die eingegebenen Werte zu übernehmen und **Abbrechen**, um die eingegebenen Werte **nicht** zu übernehmen;

(2)

die Eingabe von Texten (z.B. ein Kennwort) und Zahlen (z.B. eine Zeilenhöhe);

(3)

das Ein- und Ausschalten einer Option (z.B. Einschalten **Standardhöhe**);

(4)

das Auswählen einer von mehreren Optionen (z.B. Feldinhalte links- oder rechtsbündig ausrichten).

Es gibt eine Reihe weiterer Dialogfeldelemente. Eines davon soll im folgenden kurz beschrieben werden. Betrachten Sie das Dialogfenster, das Excel nach Eingabe der Befehlsfolge **Formel - Gehe zu...** öffnet.

Das Dialogfenster enthält ein **Listenfeld,** in unserem Beispiel die in der Tabelle vergebenen Feldnamen. Sie können aus dieser Liste ein Element auswählen, oder einen Bezug in das Eingabefeld **Bezug** eintragen.

Listenfelder sind insbesondere für das Arbeiten mit der Maus geeignet. Um das gewünschte Element zu übernehmen, brauchen Sie es nur mit der Maus anklicken.

Die folgenden Makros arbeiten mit selbsterstellten Dialogfenstern. Einige dieser Makros nutzen auch Listenfelder. Sie werden feststellen, daß sich dadurch Dateneingaben vereinfachen lassen.

Ein erstes interaktives Makro: Grunddaten ändern

Das Makro *Grunddaten ändern* (s. Abbildung 4.12) verwendet ein Dialogfenster, das in Feld A95 aufgerufen und im Feldbereich I3:O10 definiert wird.

Abbildung 4.12: Makro: Grunddaten ändern

	A
91	Grunddaten_Andern
92	=MAKRO.AUSFÜHREN('4MIETE.XLM'!Sprung_Grunddaten)
93	=FORMEL('4MIETE.XLS'!zins;'4MIETE.XLM'!O5)
94	=FORMEL('4MIETE.XLS'!arbeitstage;'4MIETE.XLM'!O7)
95	=DIALOGFELD(I3:O10)
96	=WENN(A95=FALSCH;GEHEZU(Rücksprung))
97	=WENN(UND('4MIETE.XLM'!O5>=4;'4MIETE.XLM'!O5<=12;'4MIETE.XLM'!O7
98	=FORMEL('4MIETE.XLM'!O5;'4MIETE.XLS'!zins)
99	=FORMEL('4MIETE.XLM'!O7;'4MIETE.XLS'!arbeitstage)
100	=GEHEZU(Rücksprung)
101	Fehler
102	=WARNUNG("--- FEHLER --- Werte Grunddaten nicht korrekt";3)
103	=GEHEZU(A93)
104	Rücksprung
105	=WARTEN(JETZT()+0,00002)
106	=MAKRO.AUSFÜHREN('4MIETE.XLM'!Sprung_Tabelle)
107	=RÜCKSPRUNG()

Bevor wir zur Definition des Dialogfensters kommen, wollen wir zunächst das
Makro testen. Wenn Sie momentan das Excel-Standardmenü aktiviert haben,
wechseln Sie durch Drücken von STRG-a zur Menüleiste 10. Hier öffnen Sie das
Menü *Bearbeiten* und wählen den Befehl *Grunddaten Ändern*.

Excel springt zunächst zum Bild "Grunddaten" und öffnet anschließend ein Dialogfenster, in das Sie den Zins und die Anzahl Arbeitstage eintragen können.
Excel stellt zunächst die ursprünglichen Werte in die beiden Zahlenfelder.

1. Beispiel

Bewegen Sie den Cursor durch Drücken von ALZ-Z zum Feld *Zins*, tragen Sie
einen neuen Zinssatz ein (z.B. 9,3) und drücken Sie die RETURN-Taste: Der
neue Wert wird in das vorgesehene Feld E58 eingestellt. Nach etwa 2 Sekunden
springt Excel zur Tabelle.

2. Beispiel

Öffnen Sie das Menü *Bearbeiten* und wählen Sie den Befehl *Grunddaten Ändern*.
Tragen Sie in das Feld *Zins* einen ungültigen Wert ein (z.B. 1,1) und drücken Sie
die RETURN-Taste: Sie erhalten daraufhin einen Fehlerhinweis und durch
Bestätigen von *OK* wird das Dialogfenster erneut geöffnet. Tragen Sie jetzt einen
gültigen Wert ein, z.B. 7,5.

3. Beispiel

Öffnen Sie das Menü *Bearbeiten* und wählen Sie den Befehl *Grunddaten Ändern*. Springen Sie in das Listenfeld und wählen Sie einen Wert aus, z.B. 255. Sie können dies entweder durch Anklicken des Wertes mit der Maus realisieren oder, indem Sie durch mehrmaliges Drücken der TAB-Taste in das Listenfeld springen und mit den Pfeiltasten den gewünschten Wert auswählen. Für den Fall, daß Sie die Maus benutzen und der Wert 255 momentan nicht im Listenfeld aufgeführt ist, können Sie den Mauszeiger auf einen der Pfeile (oben oder unten) am rechten Rand des Listenfeldes positionieren und durch Betätigen der Maustaste die Werte nach unten bzw. oben rollen, bis der gewünschte Wert sichtbar wird.

Bei beiden Varianten wird der ausgewählte Wert in das Feld *Arbeitstage* oberhalb des Listenfeldes übertragen. Nachdem Sie die RETURN-Taste gedrückt haben, oder die Schaltfläche *OKAY* mit der Maus angeklickt haben, wird der Wert 255 in das entsprechende Feld übernommen. Nach etwa zwei Sekunden erfolgt wieder der Sprung zur Tabelle, so daß Sie gegebenenfalls die Auswirkung des neuen Wertes gleich betrachten können. Was passiert, wenn Sie nach Eingabe eines Wertes die ESCAPE-Taste drücken, oder mit der Maus die Schaltfläche *Abbruch* anklicken?

4. Beispiel

Rufen Sie ein weiteres Mal den Befehl *Grunddaten Ändern* auf. Tragen Sie in das Feld *Zins* den Wert 8,3 ein. Für den Fall, daß Sie über eine Maus verfügen, klicken Sie die Schaltfläche *Abbruch* an, andernfalls drücken Sie einfach die ESCAPE-Taste. Was passiert? Der eingegebene Wert wird nicht übernommen!

Kommen wir damit zur Beschreibung des Makros und der Definition des Dialogfensters (s. Abbildung 4.13).

Bevor Sie ein eigenes Dialogfenster nutzen können, müssen Sie festlegen, **wo** - auf dem Bildschirm - **welche** Elemente für Ihre Eingaben plaziert werden sollen. Die Makrofunktion

DIALOGFELD(Dialogfeldbezug)

zeigt das im Bereich **Dialogfeldbezug** beschriebene Dialogfenster an. Wenn Sie die Schaltfläche **OK** wählen, gibt die Funktion **DIALOGFELD** die Nummer der gewählten Schaltfläche aus, und gibt die in das Dialogfenster eingetragenen Werte zurück. Für den Fall, daß Sie die Schaltfläche **Abbrechen** wählen, gibt die Funktion den Wert *falsch* aus.

Abbildung 4.13: Definition des Dialogfensters

	H	I	J	K	L	M	N	O
1	"Grunddaten"	Elem.	x	y	Breite	Höhe	Text	Ein-/Ausg.
2								
3	Größe Dialogfeld		50	40				
4	Text	5					&Zins (4-12%)	
5	Zahlenfeld	8						7,5
6	Text	5					&Arbeitstage (240-260)	
7	Zahlenfeld	8						255
8	Verknüpftes Listenfeld	16					Z1S16:Z21S16	16
9	Schaltfläche OK	1					OKAY	
10	Schaltfläche Abbrechen	2					Abbruch	

Dialogfeldbezug muß sieben Spalten breit und mindestens zwei Zeilen hoch sein. In unserem Beispiel erfolgt die Dialogfelddefinition in den Spalten von I bis O.

Element-Spalte (Spalte I)

Diese Spalte enthält die Nummer, die den **Elementtyp** beschreibt. Beispielsweise müssen Sie hier, um die Schaltfläche **OK** zu spezifizieren, den Wert 1 eingeben, oder den Wert 8, um ein Eingabefeld für eine Zahl zu spezifizieren.

Insgesamt unterscheidet Excel zwischen 24 Elementtypen, von denen allerdings nur etwa die Hälfte für die Anwendungen dieses und der folgenden Kapitel von Bedeutung sind. Die nächste Tabelle führt die ersten 16 Elemente auf.

Nummer	Element		Nummer	Element
1	Standard-Schaltfläche OK		9	Formelfeld
2	Schaltfläche Abbrechen		10	Bezugsfeld
3	Schaltfläche OK		11	Optionsfeldgruppe
4	Standard-Schaltfläche Abbrechen		12	Optionsfeld
5	Textfeld (statischer Text)		13	Kontrollkästchen
6	Textbearbeitungsfeld		14	Gruppenfeld
7	Ganzzahlenfeld		15	Listenfeld
8	Zahlenfeld		16	Verknüpftes Listenfeld

Bei der Definition der Dialogfenster werden wir die jeweils verwendeten Elementtypen genau beschreiben, so daß Sie sich an dieser Stelle nur merken müssen, daß in der ersten Spalte der Dialogfelddefinition der Typ des benötigten Elementes festgelegt wird.

Es gibt jedoch eine Ausnahme: die erste Zeile. Die erste Zeile dient dazu, die Position und die Größe des gesamten Dialogfensters anzugeben. Das obere linke Feld von **Dialogfeldbezug** bleibt daher leer.

Betrachten Sie noch einmal die Dialogfelddefinition. Wir haben für die Schaltfläche **OK** den Typ 1 eingetragen. Hierbei handelt es sich um die **Standard-Schaltfläche OK,** die bewirkt, daß der Cursor nach Öffnen des Dialogfensters zur Schaltfläche **OK** springt. Bei der Definition der nächsten Dialogfenster werden wir auch den Elementtyp 3 verwenden. Der Cursor springt dann nicht mehr zur Schaltfläche **OK,** sondern in das erste definierte Feld des Dialogfensters.

X- und Y-Spalten (Spalten J und K)

Auf die Spezifizierung dieser Werte kann verzichtet werden. Wenn Sie hier Werte eingeben, legen Sie die waagerechte und senkrechte Position des gesamten Dialogfensters oder einzelner Elemente innerhalb des Dialogfensters fest. Falls Sie die X- und Y-Werte weglassen, übernimmt Excel die Positionierung für Sie.

In unserem Beispiel haben wir lediglich die Position des gesamten Dialogfensters durch Angabe der Werte 50 und 40 beeinflußt. Da die Maßeinheit "Bildschirmpunkte" ist (die wiederum von Ihrer Bildschirmkonfiguration abhängt), müssen Sie mitunter längere Zeit verschiedene Varianten ausprobieren, um eine Ihren Vorstellungen entsprechende Bildschirmposition zu finden. Das Ziel unserer Positionierung war, das Dialogfenster nicht zu zentrieren, damit Sie die ursprünglichen Werte *Zins* und *Arbeitstage* noch einsehen können (wenn Sie die Werte weglassen oder auf 0 setzen, wird das Dialogfeld zentriert ausgegeben).

Breite- und Höhe-Spalten (Spalten L und M)

Hier können Sie die Breite und/oder Höhe des Dialogfensters oder einzelner Elemente angeben. **Breite** wird in waagerechten Bildschirmpunkten und **Höhe** in senkrechten Bildschirmpunkten angegeben. Wenn Sie auf die Angabe dieser Werte verzichten, übernimmt Excel die Dimensionierung für Sie.

Text-Spalte (Spalte N)

Hier legen Sie die in Ihrem Dialogfenster angezeigten Textwerte fest. Falls Sie ein kaufmännisches Und-Zeichen verwenden (&), wird das dem Und-Zeichen folgende Zeichen unterstrichen dargestellt und kann durch Drücken von ALT-Zeichen ausgewählt werden.

Listenfelder benötigen an dieser Stelle die Angabe eines Feldbereiches, der die zur Liste gehörenden Werte enthält.

In unserem Beispiel haben wir den Bereich von Z1S16 bis Z21S16 angegeben. In Feld N8 erfolgt der Verweis auf diesen Bereich. Der Bereich enthält die gültigen Werte für die Anzahl Arbeitstage (240 bis 260).

Ein-/Ausgabespalte (Spalte O)

Nach Bearbeiten eines Dialogfensters stellt Excel die eingegebenen Werte in die **Ein-/Ausgabespalte** (= Ergebnisspalte) der Dialogfelddefinition ein. Betrachten Sie den Inhalt von Feld O5 der Makrovorlage: Hier ist der von Ihnen zuletzt eingegebene Zinssatz gespeichert.

Beim Aufruf eines Dialogfensters prüft Excel zunächst, ob in der Ergebnisspalte Werte gespeichert sind. Wenn ja, werden diese Werte in die entsprechenden Felder des Dialogfensters als Ausgangswerte übernommen.

Fazit: In dieser Spalte können Sie einerseits einen Ausgangswert spezifizieren (= Eingabe). Andererseits werden die in das Dialogfeld eingetragenen Werte in die Spalte übernommen (= Ausgabe).

Kommen wir damit zurück zu unserer Dialogfelddefinition. Die Größe des Dialogfeldes wird in Zeile 3 (Bereich I3 bis O3) festgelegt, wobei Excel Höhe und Breite selbst festlegt.

In Zeile 4 wird ein Textfeld mit dem Text "&Zins (4-12%)" definiert. Hierbei handelt es sich um einen Text, der als Hinweis anzusehen ist.

Zeile 5 enthält die Definition eines Zahlenfeldes. Während man für die Definition eines Textfeldes den Elementtyp 5 verwendet, wird ein Zahlenfeld über den Wert 8 definiert. Wenn Sie während der Makroausführung in dieses Feld einen Wert eingeben, wird dieser Wert nach Feld O5 übertragen.

Betrachten Sie die Definition des Listenfeldes in Zeile 8. In der Ergebnisspalte wird die Position des ausgewählten Wertes innerhalb der Liste angezeigt (240 Arbeitstage = Position 1, 241 Arbeitstage = Position 2, ... , 247 Arbeitstage = Position 8).

In den Zeilen 9 und 10 werden die beiden Schaltflächen **OK** und **Abbrechen** definiert. Beachten Sie, daß man auch für solche Standardfelder einen individuellen Text vergeben kann, z.B. *Abbruch* anstelle des Excel-Textes **Abbrechen**.

Wir werden in diesem und den folgenden Kapiteln noch mit zahlreichen selbstdefinierten Dialogfenstern arbeiten (dann erfolgen auch weitere Erklärungen). Nachdem wir den grundsätzlichen Aufbau selbstdefinierter Dialogfenster beschrieben haben, können wir uns endlich dem Makro, das dieses Dialogfenster verwendet, zuwenden (s. Abbildung 4.12).

Bewegen Sie den Cursor nach Feld A92 der Makrovorlage. Dieser Befehl bewirkt, daß das Makro *Sprung_Grunddaten* aufgerufen wird, das den Sprung zu den Grunddaten realisiert.

Betrachten Sie die Befehle der Felder A93 und A94: Hier werden die momentanen Werte *Zins* und *Arbeitstage* der Tabelle 4MIETE.XLS in die Felder O5 bzw. O7 unserer Ergebnisspalte übertragen. Damit haben wir beiden Feldern Ausgangswerte zugewiesen, die beim Aufruf des Dialogfensters angezeigt werden.

Der Aufruf des Dialogfensters erfolgt in Feld A95. Für den Fall, daß Sie die Schaltfläche **Abbrechen** wählen oder die ESCAPE-Taste drücken, stellt Excel den Wert *falsch* in das Feld A95. In einem solchen Fall erübrigen sich weitere Aktivitäten und es erfolgt lediglich der Sprung an das Ende des Makros.

Die Abfrage erfolgt in Feld A96:

> WENN (A95 = FALSCH ; GEHEZU (Rücksprung))

Wenn Sie nicht die Schaltfläche **Abbrechen** gewählt haben, beginnt die Prüfung, ob die eingegebenen Werte formell korrekt sind (Feld A97):

> WENN(UND('4MIETE.XLM'!O5 > =4;'4MIETE.XLM'!O5 < =
> 12;'4MIETE.XLM'O7 > =240;'4MIETE.XLM'!O7 < =260);;
> GEHEZU(Fehler))

Wenn eine dieser Bedingungen nicht erfüllt ist, erfolgt ein Sprung nach *Fehler* (wir haben Feld A101 den Namen *Fehler* zugewiesen). Im Fehlerfall wird eine Warnung angezeigt (Feld A102) und es erfolgt der Rücksprung nach Feld A93.

Wenn die eingegebenen Daten korrekt sind, d.h. daß die in Feld A97 abgefragten Bedingungen erfüllt sind, erfolgt über die Makrofunktion **FORMEL** die Übertragung der Werte von der Ergebnisspalte der Dialogfelddefinition in die Felder *Zins* und *Arbeitstage* der Tabelle. Nachdem beide Werte übertragen worden sind, kann das Makro beendet werden: Der Befehl in Feld A100 bewirkt den Sprung nach Feld A104. Diesem Feld haben wir die Bezeichnung *Rücksprung* gegeben.

Hier wird zunächst die Makroausführung mit Hilfe der Makrofunktion

> **WARTEN(Serielle Zahl)**

um 2 Sekunden unterbrochen. Die Makrofunktion **WARTEN** hält die Ausführung des Makros bis zu der durch **Serielle Zahl** angegebenen Zeit an, wobei eine Sekunde etwa 0,00001 einer seriellen Zahl entspricht.

Die Makrofunktion

>**JETZT()**

wandelt das aktuelle Tagesdatum und die aktuelle Zeitangabe in die entsprechende serielle Zahl um. Der Befehl

>WARTEN(JETZT() + 0,00002)

bewirkt demnach eine Verzögerung von etwa 2 Sekunden.

Wir haben diese Verzögerung deshalb verwendet, damit Sie prüfen können, ob die eingegebenen Werte tatsächlich in die dafür vorgesehenen Felder übernommen worden sind. Die letzte Makroanweisung (Feld A106) bewirkt den Rücksprung zur Tabelle.

Fassen wir zusammen ...

Dialogfenster werden in einem separaten Teil der Makrovorlage definiert. Sie können Position und Größe des Fensters und der Elemente selbst bestimmen oder Excel überlassen. Für den Fall, daß Sie die diese Aufgabe selbst übernehmen, müssen Sie möglicherweise einige Varianten ausprobieren, bis Sie die optimale Dialogfeldgestaltung gefunden haben. Nachdem das Dialogfenster aufgerufen und bearbeitet worden ist, werden die Ergebnisse in die siebte Spalte der Dialogfelddefinition eingestellt. Die entsprechenden Felder können anschließend zur weiteren Verarbeitung durch das Makro genutzt werden.

Das Erstellen von Dialogprogrammen stellt eine der anspruchsvollsten, aber auch eine der kreativsten Aufgaben der Datenverarbeitung dar. Es gibt unzählige Varianten, wie Sie einen "Dialog" mit dem Computer gestalten können. Primäres Ziel muß jedoch immer sein, daß der Dialog den speziellen Anwenderbedürfnissen gerecht wird. Er sollte beispielsweise nicht so kompliziert sein, daß er den oder die Anwender überfordert. Weiterhin sollte er sicherstellen, daß die Übernahme fehlerhafter Werte verhindert werden kann, was sich vielfach durch Plausibilitätskontrollen der eingegebenen Werte erreichen läßt.

Wenn Sie die Beschreibung der folgenden Makros nachvollziehen, sollten Sie insbesondere auf den logischen Ablauf der Dialoge achten:

>(1) Initialisieren von Ausgangswerten,

>(2) Aufruf des Dialogfensters,

>(3) Plausibilitätskontrollen, und

>(4) Weiterverwendung der eingegebenen Werte.

Makro: Erfassen neue Maschine

Wir wollen zunächst wieder das Makro testen. Öffnen Sie das Menü *Bearbeiten* der Menüleiste 10 und wählen Sie den Befehl *Neue Maschine*.

1. Beispiel

Nachdem Sie den Befehl *Neue Maschine* eingegeben haben, wird ein Dialogfenster mit den Feldern für *Artikel-Nummer*, *Kurzbezeichnung*, *Neuwert*, *Nutzungsdauer*, *Ausnutzungsgrad* und *Reparaturaufwand* der Maschine sowie den Schaltflächen **OK** und **Abbruch** angezeigt.

Geben Sie in das Feld *Artikel-Nummer* den Wert 1999 ein und drücken Sie die RETURN-Taste. Der Cursor springt an das Ende der Hilfstabelle und übernimmt dort die Inhalte der Eingabefelder; anschließend wird die Hilfstabelle nach der Artikel-Nummer sortiert, so daß der neu eingegebene Datensatz seine richtige Position in der Hilfstabelle erhält.

2. Beispiel

Wählen Sie aus dem Menü *Bearbeiten* den Befehl *Neue Maschine* und tragen Sie zum zweitenmal den Wert 1999 ein. Nachdem Sie die RETURN-Taste gedrückt haben, erhalten Sie den Hinweis "Artikel-Nummer doppelt - Korrektur erforderlich".

Bei der Artikel-Nummer handelt es sich um einen sogenannten Schlüsselbegriff, der nur einmal in der Tabelle vorkommen darf. Schlüsselbegriffe werden zumeist verwendet, um bestimmte Datensätze eindeutig identifizieren zu können.

In Anwendungen aus Einkauf/Materialwirtschaft werden beispielsweise Warennummern häufig als Schlüsselbegriff verwendet; bei einer Auftragsverwaltung sind Auftrags- und Kundennummern übliche Schlüsselbegriffe. Für Banken und Kreditinstitute ist die Kontonummer der am häufigsten verwendete Schlüsselbegriff.

In unserer Anwendung dient die Artikel-Nummer dazu, um eine Maschine eindeutig "ansprechen" zu können. Wenn Sie bei der Erfassung einer neuen Maschine eine Artikel-Nummer eintragen, die bereits vorhanden ist, muß das Programm diesen Fehler erkennen und Sie darauf aufmerksam machen.

Der Dialog ist so gestaltet, daß Sie in einem solchen Fall einen Fehlerhinweis erhalten und Excel das Dialogfenster erneut aufruft.

3. Beispiel

Rufen Sie ein drittes Mal den Befehl *Neue Maschine* auf und tragen Sie in das Feld *Artikel-Nummer* den Wert 1998 ein. Geben Sie anschließend in das Feld *Neuwert* den Wert 4000 ein und drücken Sie die RETURN-Taste. Sie erhalten den Hinweis: "Fehler in den eingegebenen Daten" und das Dialogfenster wird erneut aufgerufen.

Aufgrund der Bedeutung des Schlüsselbegriffs haben wir jedesmal nach Aufruf des Dialogfensters die Artikel-Nummer gelöscht. Geben Sie erneut als Artikel-Nummer den Wert 1998 ein und korrigieren Sie den fehlerhaften Neuwert (tragen Sie z.B. in das Feld den Wert 6000 ein).

Kommen wir damit zur Dialogfelddefinition (s. Abbildung 4.14). Sie besteht aus der Festlegung der Größe (Zeile 16), den erwähnten Text- und Zahlenfeldern sowie den beiden Schaltflächen **OK** und **Abbrechen**.

Abbildung 4.14: Dialogfelddefinition

	I	J	K	L	M	N	O
14	Elem.	x	y	Breite	Höhe	Text	Ein-/Ausg.
15							
16		0	0	550	170		
17	5	12	8	180		&Artikel-Nummer (4st.)	
18	8	200	8	80			
19	5	12	36	160		&Kurzbezeichnung	
20	6	200	36	170			Bohrer
21	5	12	64	236		Neu&wert (5.000 - 100.000)	
22	8	250	64	120			50000
23	5	12	92	236		Nutzungs&dauer (4 - 12 J.)	
24	8	320	92	50			5
25	5	12	120	250		Ausnutzungs&grad (5 - 95 %)	
26	8	320	120	50			5
27	5	12	148	250		&Reparaturaufwand (1 - 60 %)	
28	8	320	148	50			55
29	3	400	8	100		OKAY	
30	2	400	35	100		Abbruch	

Bei der Definition der Größe (Zeile 16) haben wir in der X- und Y-Spalte jeweils die Werte 0 eingetragen, wodurch das Dialogfeld zentriert auf dem Bildschirm ausgegeben wird. Der Festlegung von Breite und Höhe gingen eine Reihe von Experimenten voraus, um eine Größe zu erhalten, die sämtliche Eingabefelder bequem aufnehmen kann.

Betrachten Sie die Definition des ersten Textfeldes (Zeile 17): Der Text *&Artikel-Nummer (4st.)* beginnt in Position 12 (X-Achse) und 8 (Y-Achse). Die Breite beträgt 180 Bildschirmpunkte (Feld L17). Auf eine Höhenangabe haben wir verzichtet. Die Höhe ermittelt Excel selbst, so daß der Verzicht auf eigene Höhenangaben eine Arbeitserleichterung darstellt.

In Zeile 20 haben wir erstmals ein Eingabefeld für einen Text definiert. Wenn Sie als Elementtyp den Wert 6 angeben, erwartet Excel für dieses Feld eine Texteingabe.

Betrachten Sie die Positions- und Größenangaben der Textfelder (Elementtyp 5):

Zeile	Text	X	Y	Breite	Höhe
17	Artikel-Nummer (4st.)	12	8	180	
19	Kurzbezeichnung	12	36	160	
21	Neuwert (5.000 - 100.000)	12	64	236	
23	Nutzungsdauer (4 - 12 J.)	12	92	236	
25	Ausnutzungsgrad (5 - 95 %)	12	120	250	
27	Reparaturaufwand (1 - 60 %)	12	148	250	

Die Textfelder beginnen jeweils auf der X-Achse in Position 12. Das erste Textfeld beginnt auf der Y-Achse in Position 8.

Der Parameter **Breite** orientiert sich an der Textlänge. Je länger der Text, desto breiter muß das Feld definiert sein. Spätestens an dieser Stelle werden Sie Experimente kaum vermeiden können, zumal Sie ja als Ergebnis ein optisch ansprechendes Bild erreichen wollen.

Betrachten Sie die Größen- und Positionsangaben der Eingabefelder:

Zeile	Eingabefeld	X	Y	Breite	Höhe
18	Artikel-Nummer	200	8	80	
20	Kurzbezeichnung	200	36	170	
22	Neuwert	250	64	120	
24	Nutzungsdauer	320	92	50	
26	Ausnutzungsgrad	320	120	50	
28	Reparaturaufwand	320	148	50	

Die Startposition auf der X-Achse und die Breitenangabe ergeben für die Felder ab der Kurzbezeichnung einen Wert von 370 (z.B. *Kurzbezeichnung* - **Startposition** = 200 und **Breite** = 170 oder *Neuwert* - **Startposition** = 250 und **Breite** = 120).

Dadurch haben wir erreicht, daß die fünf Eingabefelder rechtsbündig ausgerichtet werden. Die Eingabefelder enden auf der X-Achse jeweils in Position 370.

Die beiden Schaltflächen haben wir im Dialogfenster oben rechts ab Position 400 auf der X-Achse positioniert.

Am Ende des Kapitels erhalten Sie im Rahmen einer Übung Gelegenheit, ein eigenes Dialogfenster zu erarbeiten. Dann sollten Sie sich ausreichend Zeit für Experimente nehmen, um beispielsweise die Auswirkungen von Positionsänderungen nachzuvollziehen.

Wenden wir uns damit dem Makro zu, welches das eben beschriebene Dialogfenster aufruft (s. Abbildung 4.15).

Bewegen Sie den Cursor innerhalb der Makrovorlage nach Feld A110. Zunächst wird über die Anweisung

ECHO(Falsch)

die Bildschirmaktualisierung unterdrückt. Sprünge innerhalb der Tabelle oder von der Tabelle zur Makrovorlage (oder umgekehrt) werden nicht mehr angezeigt. Die Makroausführung wird dadurch beschleunigt.

Abbildung 4.15: Das Makro "Neue Maschine"

	A
109	Neue_Maschine
110	=ECHO(FALSCH)
111	=AKTIVIEREN("4miete.xlm")
112	=AUSWÄHLEN("Z18S15")
113	=INHALTE.LÖSCHEN(1)
114	=WERT.FESTLEGEN(Fehlerfeld;0)
115	=MAKRO.AUSFÜHREN('4MIETE.XLM'!Sprung_Hilfstabelle)
116	=ECHO(WAHR)
117	=DIALOGFELD(I16:O30)
118	Ab hier: P r ü f u n g
119	=WENN(ZELLE("Typ";'4MIETE.XLM'!O18)="b";GEHEZU(A148))
120	=WENN(UND('4MIETE.XLM'!O18>999;'4MIETE.XLM'!O18<10000);;WERT.FESTL
121	=WENN(UND('4MIETE.XLM'!O22>=5000;'4MIETE.XLM'!O22<=100000);;WERT.F
122	=WENN(UND('4MIETE.XLM'!O24>=4;'4MIETE.XLM'!O24<=12);;WERT.FESTLEGE
123	=WENN(UND('4MIETE.XLM'!O26>=5;'4MIETE.XLM'!O26<=95);;WERT.FESTLEGE
124	=WENN(UND('4MIETE.XLM'!O28>=1;'4MIETE.XLM'!O28<=60);;WERT.FESTLEGE
125	=WENN(Fehlerfeld=1;;GEHEZU(A128))
126	=WARNUNG("Fehler in den eingegebenen Daten - Neuaufruf Dialogfenst
127	=GEHEZU(A110)
128	=AUSWÄHLEN("Z7S14")
129	=WENN(ZELLE("Typ")="b";GEHEZU(A134);AUSWÄHLEN("Z(1)S"))
130	=WENN(ZELLE("Inhalt")='4MIETE.XLM'!O18;GEHEZU(A132))
131	=GEHEZU(A129)
132	=WARNUNG("Artikel-Nummer doppelt - Korrektur erforderlich";3)
133	=GEHEZU(A110)
134	=FORMEL('4MIETE.XLM'!O18)
135	=AUSWÄHLEN("ZS(1)")
136	=FORMEL('4MIETE.XLM'!O20)
137	=AUSWÄHLEN("ZS(1)")
138	=FORMEL('4MIETE.XLM'!O22)
139	=AUSWÄHLEN("ZS(1)")
140	=FORMEL('4MIETE.XLM'!O24)
141	=AUSWÄHLEN("ZS(1)")
142	=FORMEL('4MIETE.XLM'!O26)
143	=AUSWÄHLEN("ZS(1)")
144	=FORMEL('4MIETE.XLM'!O28)
145	=MAKRO.AUSFÜHREN('4MIETE.XLM'!Sprung_Hilfstabelle)
146	=AUSWÄHLEN("Z8S14:Z100S19")
147	=ORDNEN(1;!$N$9;1)
148	=MAKRO.AUSFÜHREN('4MIETE.XLM'!Sprung_Hilfstabelle)
149	=RÜCKSPRUNG()

Anschließend wird die Makrovorlage aktiviert (Feld A111), das Feld Z18S15
ausgewählt (dieses Feld speichert die Artikel-Nummer) und der Inhalt dieses Feldes gelöscht (Feld A113). Die Befehle der Felder A114 und A115 weisen dem
Feld *Fehlerfeld* den Wert 0 zu. Auf dieses Feld werden wir später bei der Durchführung von Plausibilitätskontrollen zurückgreifen.

Der Befehl in Feld A115 bewirkt über den Aufruf des Makros *Sprung_Hilfstabelle* den Sprung zur Hilfstabelle. Der Befehl **ECHO(WAHR)** in Feld A116 veranlaßt, daß die Unterdrückung der Bildschirmaktualisierung wieder aufgehoben wird.

Der Aufruf des eben beschriebenen Dialogfensters erfolgt in Feld A117. Ab Feld A118 beginnen die Plausibilitätskontrollen. In Feld A119 haben wir eine Makrofunktion verwendet, die wir noch nicht besprochen haben.

Die Makrofunktion

ZELLE(Infotyp;Bezug)

liefert als Ergebnis Informationen über Formatierung, Position oder Inhalt von **Bezug**. Wird auf die Angabe von **Bezug** verzichtet, nimmt Excel an, daß es sich um die aktuelle Auswahl handelt.

Mit **Infotyp** legen Sie fest, welche Informationen die Makrofunktion zurückgeben soll. Die folgende Liste zeigt einige mögliche Werte und das jeweilige Ergebnis (einen vollständigen Überblick über die Funktion gibt das Handbuch):

Infotyp	Ergebnis
Breite	Spaltenbreite des Feldes, wobei das Ergebnis auf eine ganze Zahl gerundet wird
Zeile	Entspricht der Zeilenzahl im **Bezug**
Spalte	Entspricht der Spaltenzahl im **Bezug**
Inhalt	Der in **Bezug** enthaltene Wert
Format	Ein Textwert entsprechend dem Feldformat (das Handbuch enthält eine Liste, der Sie entnehmen können, welche Textwerte den einzelnen Formaten entsprechen)
Schutz	Den Wert 0, wenn die Zelle nicht geperrt ist und 1, wenn sie gesperrt ist

Wir benötigen für unser Makro einen weiteren **Infotyp**: "Typ". Die Anweisung

WENN(Zelle("Typ";'4MIETE.XLM'!O18)="b";GEHEZU(A148))

in Feld A119 ermittelt, ob Feld O18 der Makrovorlage "leer" (blank) ist. Wenn dieses Feld leer ist, wurde in das Dialogfeld entweder keine Artikel-Nummer eingetragen oder der Anwender hat die Schaltfläche **Abbrechen** betätigt. In beiden Fällen erfolgt ein Sprung zum Ende des Makros.

Betrachten Sie die Anweisung in Feld A120:

        WENN (UND ('4MIETE.XLM' ! O18 > 999; '4MIETE.XLM' !
        O18 < 10000) ; ; WERT.FESTLEGEN (Fehlerfeld ; 1))

Wenn die eingetragene Artikel-Nummer formell korrekt - d.h. vierstellig - ist, passiert bei diesem Befehl nichts. Andernfalls erhält *Fehlerfeld* den Wert 1.

Die Prüfung in den Feldern A121 bis A124 sind analog aufgebaut. In Feld A125 wird *Fehlerfeld* abgefragt:

        WENN (Fehlerfeld = 1 ; ; GEHEZU(A128))

Für den Fall, daß *Fehlerfeld* den Wert 1 speichert, passiert hier nichts. Andernfalls erfolgt ein Sprung nach Feld A128. Die Anweisung bewirkt demnach, daß die Befehle A126 und A127 nur im Fehlerfall zur Ausführung gelangen. Ein Fehlerfall liegt vor, wenn einer der geprüften Werte nicht korrekt eingegeben wurde und in das Feld *Fehlerfeld* daraufhin der Wert 1 eingestellt wurde.

Im Fehlerfall wird eine Warnung angezeigt (Feld A126) und es erfolgt der Sprung an den Anfang des Makros.

Wurde kein Fehler entdeckt, müssen die eingegebenen Daten in die Hilfstabelle eingefügt werden. Dazu muß das Makro zunächst die erste freie Zeile im Bereich der Hilfstabelle ermitteln. Betrachten Sie die Anweisung in Feld A128:

        AUSWÄHLEN("Z7S14")

Feld Z7S14 ist der Ausgangspunkt der folgenden Prüfung. Dieses Feld befindet sich oberhalb der ersten gespeicherten Artikel-Nummer. Betrachten Sie die Anweisung in Feld A129:

        WENN (ZELLE ("Typ") = "b" ; GEHEZU (A134) ;
        AUSWÄHLEN ("Z(1)S"))

Wenn das momentane Feld "leer" ist, erfolgt ein Sprung nach Feld A134, ansonsten wird der Cursor um eine Zeile nach unten bewegt. Betrachten Sie die Anweisung in Feld A130:

        WENN (ZELLE ("Inhalt") = '4MIETE.XLM' ! O18 ;
        GEHEZU (A132))

Wenn der Inhalt des momentanen Feldes der eingegebenen Artikel-Nummer entspricht, wurde eine doppelte Artikel-Nummer entdeckt. Da dies nicht zulässig ist, muß das Makro mit einem Fehlerhinweis reagieren. Dieser erfolgt über die Anweisung in Feld A132:

WARNUNG("Artikel-Nummer doppelt - Korrektur erforderlich";3)

Anschließend erfolgt der Sprung an den Anfang des Makros.

Liegt keine doppelte Artikel-Nummer vor, gelangt der Befehl in Feld A131 zur Ausführung:

GEHEZU (A129)

Dieser Befehl bewirkt den Sprung nach Feld A129. Hier wird wieder ermittelt, ob ein leeres Feld vorliegt. Diese Schleife wird solange abgearbeitet, bis Excel schließlich auf ein leeres Feld trifft. In diesem Fall wird das Makro in Feld A134 fortgesetzt.

Die Anweisungen von Feld A134 bis Feld A144 bewirken, daß die in der Ergebnisspalte gespeicherten Werte in die Hilfstabelle übernommen werden. Dazu wird jeweils ein Wert mit Hilfe der Makrofunktion **FORMEL** übernommen und der Cursor anschließend um eine Spalte nach rechts bewegt.

Betrachten Sie die Anweisungen der Felder A146 und A147: Der Bereich der Hilfstabelle bis Zeile 100 wird ausgewählt und anschließend über die Makrofunktion **ORDNEN** sortiert. Dadurch erhält die neu aufgenommene Maschine ihre richtige Position in der Hilfstabelle.

Für den Fall, daß Sie mehr Maschinen speichern wollen als der Bereich bis Zeile 100 aufnehmen kann, müssen Sie das Makro entsprechend ändern.

Die Makrofunktion

ORDNEN(Ord;Schl1;Reihe1;Schl2;Reihe2;Schl3;Reihe3)

entspricht der Befehlsfolge **Daten - Sortieren**. **Ord** ist eine Zahl, die festlegt, ob nach Zeilen oder Spalten sortiert werden soll (Zeilen = 1; Spalten = 2). Die Parameter **Schl1**, **Schl2** und **Schl3** stellen einen Bezug auf einen Ordnungsschlüssel dar. Dieser gibt an, nach welcher Spalte sortiert werden soll, wenn Zeilen sortiert werden bzw. nach welcher Zeile, wenn Spalten sortiert werden. Der Ordnungsschlüssel muß ein durch ein Ausrufezeichen gekennzeichneter externer Bezug auf eine beliebige Zelle des zu sortierenden Bereiches sein.

Die Parameter **Reihe1**, **Reihe2** und **Reihe3** legen fest, ob in auf- oder absteigender Folge sortiert werden soll (1 = aufsteigend; 2 = absteigend).

Makro: Löschen eines Datensatzes

Wir beginnen wieder damit, das Makro zu testen. Öffnen Sie das Menü *Bearbeiten* der Menüleiste 10 und wählen Sie den Befehl *Löschen Datensatz*. Sie können in das daraufhin geöffnete Dialogfenster entweder die Artikel-Nummer selbst eingeben oder eine aus dem Listenfeld auswählen.

1. Beispiel

Tragen Sie als Artikel-Nummer den Wert 99 ein und drücken Sie die RETURN-Taste. Sie erhalten den Hinweis "Eingabe ungültig". Das Makro hat erkannt, daß der eingegebene Wert formell nicht korrekt ist und hat unmittelbar die Makroausführung abgebrochen. Bestätigen Sie den Fehlerhinweis durch Drücken der RETURN-Taste und wählen Sie erneut den Befehl *Löschen Datensatz*.

2. Beispiel

Tragen Sie als Artikel-Nummer den Wert 2000 ein. Dieser Wert ist zwar formell korrekt, ein Datensatz mit dieser Nummer existiert allerdings nicht (sofern Sie nicht zwischendurch einen Datensatz mit dieser Nummer eingefügt haben). Was passiert? Das Makro durchläuft die gesamte Hilfstabelle, bis es schließlich auf die erste leere Zeile trifft. Damit ist klar, daß der Wert 2000 ebenfalls fehlerhaft sein muß. Sie erhalten daraufhin wieder den Hinweis "Eingabe ungültig". Bestätigen Sie den Fehlerhinweis durch Drücken der RETURN-Taste, um die Makroausführung abzubrechen.

Wodurch unterscheiden sich die beiden Beispiele? Unser Makro führt zwei Prüfungen durch: eine **formelle** und eine **inhaltliche** Prüfung. Ein formeller Fehler liegt vor, wenn ein eingegebener Wert formellen Grundsätzen nicht genügt. Dies traf für das erste Beispiel zu, weil die eingegebene Nummer nur zwei- und nicht vierstellig war. Solche Fehler lassen sich zumeist sehr leicht erkennen.

Das Prüfen auf **inhaltliche Fehler** ist in der Regel mit einem größeren Aufwand verbunden. In unserem Beispiel erfüllte der Wert 2000 zwar die formellen Grundsätze; da ein Datensatz mit dieser Nummer jedoch nicht existiert, konnte erst eine zweite Prüfung diesen Fehler entdecken.

3. Beispiel

Wählen Sie erneut den Befehl *Löschen Datensatz* und löschen Sie einen Datensatz Ihrer Wahl, z.B. den Datensatz mit der Nummer 1999, den Sie bei der Besprechung des Makros *Neue Maschine* eingefügt haben.

Kommen wir zur Dialogfelddefinition (s. Abbildung 4.16). Das Dialogfenster besteht aus zwei Textfeldern, dem Eingabefeld für die Artikel-Nummer, dem Listenfeld, dem Sie die gewünschte Artikel-Nummer entnehmen können, sowie den beiden Schaltflächen **OKAY** und **Abbruch**.

Abbildung 4.16: Dialogfelddefinition Löschen Datensatz

	I	J	K	L	M	N	O
34	Elem.	x	y	Breite	Höhe	Text	Ein-/Ausg.
35							
36		265	55				
37	5					LÖSCHEN eines Datensatzes	
38	5					Wählen Artikel-Nummer	
39	8						4213
40	16					'4miete.xls'!Z8S14:Z100S14	4
41	3					OKAY	
42	2					Abbruch	

Der zum Listenfeld gehörende Bereich gehört zur Tabelle 4MIETE.XLS und umfaßt die Felder von Z8S14 bis Z100S14. Diese Felder speichern die zu den Datensätzen gehörenden Artikel-Nummern. Das Dialogfenster kann damit Datensätze bis zur Zeile 100 vearbeiten.

Für den Fall, daß Sie mehr Datensätze eingeben wollen, müssen Sie den hier angegebenen Feldbereich vergrößern. Da dieses Dialogfenster gegenüber den vorher besprochenen Fenstern keine Besonderheiten aufweist, können wir uns dem Makro, das dieses Fenster benutzt, zuwenden (s. Abbildung 4.17).

Zunächst wird in Feld A153 über die Anweisung

        ECHO (FALSCH)

die Bildschirmaktualisierung unterdrückt. Anschließend wird die Artikel-Nummer in der Ergebnisspalte der Dialogfelddefinition gelöscht. Dies ist eine Vorsichtsmaßnahme: So kann es nicht passieren, daß das Makro aufgerufen, eine Artikel-Nummer in das Dialogfeld eingestellt und der entsprechende Datensatz durch voreiliges Drücken der RETURN-Taste gelöscht wird. Sie müssen, um einen Datensatz löschen zu können, in jedem Fall eine Artikel-Nummer eingeben bzw. über das Listenfeld auswählen.

Abbildung 4.17: Makro Löschen Datensatz

	A
152	Löschen_Datensatz
153	=ECHO(FALSCH)
154	=AKTIVIEREN("4MIETE.XLM")
155	=AUSWAHLEN("Z39S15")
156	=INHALTE.LÖSCHEN(1)
157	=MAKRO.AUSFÜHREN('4MIETE.XLM'!Sprung_Hilfstabelle)
158	=AUSWAHLEN("Z8S14")
159	=ECHO(WAHR)
160	=DIALOGFELD(I36:O42)
161	=WENN(NICHT(UND('4MIETE.XLM'!O39>999;'4MIETE.XLM'!O39<10000));GEHE
162	=WENN(ZELLE("Inhalt")='4MIETE.XLM'!O39;GEHEZU(A165);AUSWAHLEN("Z(1
163	=WENN(ZELLE("Typ")="b";GEHEZU(A168))
164	=GEHEZU(A162)
165	=AUSWAHLEN("ZS:ZS(5)")
166	=BEARBEITEN.LÖSCHEN(2)
167	=GEHEZU(A169)
168	=WARNUNG("Eingabe ungültig oder abgebrochen - Makro stoppt";3)
169	=MAKRO.AUSFÜHREN('4MIETE.XLM'!Sprung_Hilfstabelle)
170	=RÜCKSPRUNG()

Der Aufruf des Dialogfeldes erfolgt in Feld A160. Betrachten Sie die Anweisung in Feld A161:

$$\text{WENN (NICHT (UND ('4MIETE.XLM'!O39 > 999;}$$
$$\text{'4MIETE.XLM'!O39 < 10000)) ; GEHEZU (A168))}$$

Diese Anweisung prüft, ob die in Feld O39 gespeicherte Artikel-Nummer **nicht** vierstellig ist. Die Makrofunktion

NICHT(Wahrheitswert)

liefert als Ergebnis den Wahrheitswert *wahr*, wenn **Wahrheitswert** *falsch* ist (und umgekehrt). Für den Fall, daß diese formelle Prüfung ergibt, daß der eingegebene Wert fehlerhaft ist, erfolgt der Sprung nach Feld A168. Hier wird ein Fehlerhinweis angezeigt und die Makroausführung bricht ab.

Betrachten Sie die Anweisung in Feld A162:

$$\text{WENN (ZELLE ("Inhalt") = '4MIETE.XLM'!O39;}$$
$$\text{GEHEZU (A165) ; AUSWÄHLEN ("Z(1)S"))}$$

Wenn der Inhalt des momentanen Feldes der eingegebenen Artikel-Nummer entspricht, wurde der zu löschende Datensatz gefunden. Es erfolgt in einem solchen Fall der Sprung nach Feld A165. Andernfalls spricht der Cursor um eine Zeile nach unten.

Die Prüfung in Feld A163 ermittelt, ob das momentan bearbeitete Feld "leer" ist. In einem solchen Fall erfüllt die eingegebene Artikel-Nummer zwar die formellen Kriterien, ein entsprechender Datensatz existiert jedoch nicht. Es muß sich daher ein Sprung an das Ende des Makros anschließen, wodurch die Makroausführung beendet wird.

Die inhaltliche Prüfung muß für jeden vorhandenen Datensatz erfolgen. Aus diesem Grund muß die Makroausführung wieder zum Beginn der Plausibilitätsprüfung verzweigen. Die Anweisung

    GEHEZU (A162)

in Feld A164 realisiert diese Verzweigung.

Wenn der gesuchte Datensatz gefunden wurde, kommt die Anweisung in Feld A165 zur Ausführung:

    AUSWÄHLEN ("ZS:ZS(5)")

Der vollständige Datensatz mit seinen 5 Feldern wird ausgewählt und anschließend über die Makrofunktion

    BEARBEITEN.LÖSCHEN(Zahl)

gelöscht. **Zahl** legt fest, in welche Richtung die Felder zu verschieben sind ("1" = Felder nach links verschieben; "2" = Felder nach oben verschieben). Nachdem der Datensatz gelöscht worden ist, wird mit Hilfe der Anweisung

    GEHEZU (A169)

der Aufruf der Warnung übersprungen. Am Ende des Makros erfolgt der Rücksprung zur Hilfstabelle.

Betrachten Sie noch einmal die Anweisung in Feld A161:

    WENN (NICHT (UND ('4MIETE.XLM'!O39 > 999;
    '4MIETE.XLM'!O39 < 10000)) ; GEHEZU (A168))

Die Anweisung prüft den in Feld O39 gespeicherten Wert über die Makrofunktion **NICHT** auf **Ungültigkeit**. Für den Fall, daß der eingegebene Wert ungültig ist, erfolgt der Sprung nach Feld A168. Vergleichen Sie diese Anweisung mit der folgenden, die wir Feld A120 entnommen haben:

    WENN (UND ('4MIETE.XLM' ! O18 > 999; '4MIETE.XLM' !
    O18 < 10000) ; ; WERT.FESTLEGEN (Fehlerfeld ; 1))

Hier werden die Werte auf **Gültigkeit** geprüft.

Eine Prüfung auf **Ungültigkeit** könnte beispielsweise auch so formuliert werden:

```
WENN ( ODER ( '4MIETE.XLM' ! O18 < 1000 ;
'4MIETE.XLM' ! O18 > 9999 ) ; ;
WERT.FESTLEGEN ( Fehlerfeld ; 1 ))
```

Die Prüfung ermittelt, ob der in Feld O18 gespeicherte Wert kleiner 1000 oder größer 9999 ist. Für den Fall, daß eine dieser Bedingungen erfüllt ist, handelt es sich um einen ungültigen Wert.

Der weitere Verlauf des Makros hängt davon ab, welche Variante gewählt worden ist - **Prüfung auf Gültigkeit** oder **Prüfung auf Ungültigkeit**. Die Anwendungssituation, d.h. die Art der abzufragenden Bedingungen, bestimmt, welche Variante sinnvoller eingesetzt werden kann. Eine Empfehlung, welcher Variante Sie den Vorzug geben sollten, können wir daher nicht geben.

Makro: Verändern Datensatz

Beginnen wir wieder mit einem Test des Makros. Öffnen Sie das Menü *Bearbeiten* der Menüleiste 10 und wählen Sie den Befehl *Verändern Datensatz*.

1. Beispiel

Zunächst muß festgelegt werden, welcher Datensatz geändert werden soll. Sie müssen dazu wieder eine Artikel-Nummer eingeben oder über das Listenfeld auswählen. Wählen Sie den Datensatz mit der Artikel-Nummer 2355 aus (Hydraulikpumpe) und drücken Sie die RETURN-Taste.

Anschließend wird ein zweites Dialogfeld geöffnet. Hier müssen Sie festlegen, welche Werte Sie ändern möchten. Mit Hilfe viereckiger Optionsfelder können Sie bestimmte Optionen ein- bzw. ausschalten. Wenn ein Kreuz innerhalb des Optionsfeldes sichtbar ist, ist die entsprechende Option eingeschaltet. Kreuzen Sie Option *Reparaturaufwand* an, entweder, indem Sie ALT-R drücken oder das Feld mit der Maus anklicken.

Drücken Sie die RETURN-Taste oder klicken Sie die Schaltfläche OKAY an, um das Dialogfenster wieder zu schließen. Sie werden anschließend nach dem neuen Wert für *Reparaturaufwand* gefragt. Geben Sie den Wert 25 ein und drücken Sie die RETURN-Taste. Dieser Wert wird in die Tabelle übernommen und die Makroausführung ist beendet.

2. Beispiel

Wiederholen Sie das erste Beispiel mit der Ausnahme, daß Sie für *Reparaturaufwand* den Wert 99 eingeben. Was passiert? Der falsche Wert 99 wird nicht in die Tabelle eingefügt. Der ursprüngliche Wert bleibt erhalten. Auf eine Fehlermeldung wurde verzichtet.

Abbildung 4.18 zeigt die erste (Eingabe der Artikel-Nummer) und Abbildung 4.19 die zweite Dialogfelddefinition (Auswählen der Felder).

Abbildung 4.18: Dialogfenster Auswählen eines Satzes

	I	J	K	L	M	N	O
46	Elem.	x	y	Breite	Höhe	Text	Ein-/Ausg.
47							
48		265	55				
49	5					AUSWÄHLEN eines Satzes	
50	5					Wählen Artikel-Nummer	
51	8						3434
52	16					'4miete.xls'!Z8S14:Z100S14	3
53	3					OKAY	
54	2					Abbruch	

Dieses Dialogfenster gleicht dem Dialogfenster, das wir zum Löschen eines Datensatzes verwendet haben. Auf Erklärungen kann daher verzichtet werden.

Abbildung 4.19: Dialogfenster Auswählen Felder

	I	J	K	L	M	N	O
57	Elem.	x	y	Breite	Höhe	Text	Ein-/Ausg.
58							
59		0	0				
60	5					Auswählen Felder	
61	13					&Kurzbezeichnung	FALSCH
62	13					Neu&wert	FALSCH
63	13					Nutzungs&dauer	FALSCH
64	13					Ausnutzungs&grad	FALSCH
65	13					&Reparaturaufwand	FALSCH
66	1					OKAY	

Dieses Dialogfenster verwendet den Elementtyp 13, mit dem viereckige Optionsfelder (Kontrollkästchen) definiert werden können. In die Ergebnisspalte wird einer der Werte *wahr* oder *falsch* eingestellt, je nachdem, ob Sie die entsprechende
Option ein- oder ausgeschaltet haben. Kommen wir damit zum Makro, das die
beiden Dialogfenster benutzt (s. Abbildung 4.20).

Abbildung 4.20: Makro Verändern Datensatz

A
173 Verändern_Datensatz
174 =ECHO(FALSCH)
175 =AKTIVIEREN("4MIETE.XLM")
176 =AUSWÄHLEN("Z51S15")
177 =INHALTE.LÖSCHEN(1)
178 =MAKRO.AUSFÜHREN('4MIETE.XLM'!Sprung_Hilfstabelle)
179 =AUSWÄHLEN("Z8S14")
180 =ECHO(WAHR)
181 =DIALOGFELD(I48:O54)
182 =WENN(NICHT(UND('4MIETE.XLM'!O51>999;'4MIETE.XLM'!O51<10000));GEHE
183 =WENN(ZELLE("Inhalt")='4MIETE.XLM'!O51;GEHEZU(A186);AUSWÄHLEN("Z(1
184 =WENN(ZELLE("Typ")="b";GEHEZU(A215))
185 =GEHEZU(A183)
186 =ECHO(FALSCH)
187 =AKTIVIEREN("4miete.xlm")
188 =AUSWÄHLEN("Z61S15:Z65S15")
189 =INHALTE.LÖSCHEN(1)
190 =AUSWÄHLEN("Z60S15")
191 =AKTIVIEREN("4miete.xls")
192 =ECHO(WAHR)
193 =DIALOGFELD(I59:O66)
194 =AUSWÄHLEN("ZS(1)")
195 =WENN('4MIETE.XLM'!O61=WAHR;;GEHEZU(A198))
196 =EINGABE("Geben Sie die neue Kurzbezeichnung ein";2;;ZELLE("Inhalt
197 =WENN(ISTLOG(A196);;FORMEL('4MIETE.XLM'!A196))
198 =AUSWÄHLEN("ZS(1)")
199 =WENN('4MIETE.XLM'!O62=WAHR;;GEHEZU(A202))
200 =EINGABE("Geben Sie den Neuwert ein (5000 - 100000 DM)";1;;ZELLE("
201 =WENN(UND('4MIETE.XLM'!A200>=5000;'4MIETE.XLM'!A200<=100000);FORME
202 =AUSWÄHLEN("ZS(1)")
203 =WENN('4MIETE.XLM'!O63=WAHR;;GEHEZU(A206))
204 =EINGABE("Geben Sie die Nutzungsdauer ein (4 - 12 J.)";1;;ZELLE("I
205 =WENN(UND('4MIETE.XLM'!A204>=4;'4MIETE.XLM'!A204<=12);FORMEL('4MIE
206 =AUSWÄHLEN("ZS(1)")
207 =WENN('4MIETE.XLM'!O64=WAHR;;GEHEZU(A210))
208 =EINGABE("Geben Sie den Ausnutzungsgrad ein (5 - 95 %.)";1;;ZELLE(
209 =WENN(UND('4MIETE.XLM'!A208>=5;'4MIETE.XLM'!A208<=95);FORMEL('4MIE
210 =AUSWÄHLEN("ZS(1)")
211 =WENN('4MIETE.XLM'!O65=WAHR;;GEHEZU(A214))
212 =EINGABE("Geben Sie den Reparaturaufwand ein (1 - 60 %)";1;;ZELLE(
213 =WENN(UND('4MIETE.XLM'!A212>=5;'4MIETE.XLM'!A212<=60);FORMEL('4MIE
214 =GEHEZU(A216)
215 =WARNUNG("Eingabe falsch oder abgebrochen - Makro stoppt";3)
216 =MAKRO.AUSFÜHREN('4MIETE.XLM'!Sprung_Hilfstabelle)
217 =RÜCKSPRUNG()

Der erste Teil gleicht den bisher vorgestellten Makros. Beginnen wir daher die Beschreibung mit der Anweisung in Feld A188.

AUSWÄHLEN ("Z61S15:Z65S15")

Die Anweisung wählt die zur Ergebnisspalte des zweiten Dialogfensters gehörenden Felder aus. Es handelt sich hierbei um die logischen Werte *wahr* oder *falsch*, je nachdem, ob die entsprechende Option eingeschaltet worden ist oder nicht.

Dieser Bereich wird gelöscht, so daß keines der viereckigen Optionsfelder beim Aufruf des Dialogfensters ein Kreuz enthält.

Der Aufruf des Dialogfensters erfolgt in Feld A193. Nachdem Sie das Dialogfenster abgearbeitet haben, prüft das Makro jede Option. Für den Fall, daß Sie eine Option eingeschaltet haben, werden Sie mit Hilfe der Makrofunktion **EINGABE** zur Eingabe eines neuen Wertes aufgefordert.

Die Reihenfolge der Befehle ist immer gleich:

o   Sprung ein Feld nach rechts mit Hilfe des Befehls AUSWÄHLEN("ZS(1)").

o   Prüfen mit Hilfe der Makrofunktion **WENN**, ob die entsprechende Option eingeschaltet ist (siehe Befehl in Feld A195):

WENN ('4MIETE.XLM'!O61 = WAHR; ; GEHEZU (A198))

Für den Fall, daß die Option nicht eingeschaltet ist, werden zwei Felder übersprungen, so daß keine Bearbeitung der entsprechenden Option erfolgt.

o   Eingabe des neuen Wertes mit Hilfe der Makrofunktion **EINGABE**:

EINGABE("Geben Sie ...";2;;ZELLE("Inhalt"))

Der Parameter *ZELLE("Inhalt")* bewirkt, daß der Inhalt des momentanen Feldes in das Eingabefenster übernommen wird. Dies hat folgende Auswirkung: Wenn Sie den ursprünglichen Wert entgegen Ihrer ursprünglichen Absicht doch belassen wollen, brauchen Sie lediglich die RETURN-Taste drücken und der voreingestellte Wert bleibt erhalten.

o   Plausibilitätsprüfung des eingegebenen Wertes. Ergibt die Prüfung, daß der eingegebene Wert formell korrekt ist, wird er in die Tabelle eingefügt, ansonsten passiert nichts. Ein entsprechender Hinweis wäre möglicherweise in einem solchen Fall sinnvoll gewesen. Um das Makro nicht noch umfangreicher werden zu lassen, haben wir darauf verzichtet.

Makro: Betrachten/Drucken

Dieses Makro wählt einen Datensatz aus der Hilfstabelle aus und überträgt den
Datensatz in das Arbeitsblatt *Mietberechnung*. Anschließend können Sie sich das
Ergebnis der Mietberechnung ansehen, wobei Sie über ein Dialogfenster die
Möglichkeit erhalten, auszuwählen, ob Sie das Ergebnis der Mietberechnung zu-
sätzlich ausdrucken wollen.

Abbildung 4.21 zeigt die Dialogfelddefinition mit dem Optionsfeld *Drucken*.

Abbildung 4.21: Dialogfelddefintion Drucken_Tabelle

	I	J	K	L	M	N	O
69	Elem.	x	y	Breite	Höhe	Text	Ein-/Ausg.
70							
71		265	45				
72	13					Drucken	WAHR
73	1					OKAY	

Abbildung 4.22 zeigt das Makro, das dieses Dialogfenster aufruft. Die Schritte
dieses Makros gleichen den Schritten der zuvor beschriebenen Makros. Auf zusätzliche Erklärungen kann daher verzichtet werden.

Ausblick

Bei der hier vorgestellten Anwendung können Sie Daten sowohl direkt in das Arbeitsblatt oder mit Hilfe interaktiver Makros eingeben. Die Eingabe über Makros
besitzt den Vorteil, daß Sie fehlerhafte Daten über Plausibilitätskontrollen abwei-
sen können.

Wenn Sie Ihre Anwendung in einen Eingabe- und einen Arbeitsblattbereich auf-
teilen, könnten Sie zudem sicherstellen, daß der Anwender grundsätzlich keinen
direkten Kontakt mehr zum Arbeitsblatt erhält. Die Daten erhalten dadurch eine
größere Sicherheit. Sie müßten dazu beispielsweise das Fenster, das die Arbeits-
blattdaten enthält, verbergen, so daß der Anwender zwar mit den Dialogfeldern
arbeitet, aber nicht weiß, wohin die eingegebenen Daten übertragen werden.

Das Arbeiten mit Dialogfeldern bietet den weiteren Vorteil, daß ein Mitarbeiter,
der Details der Anwendung nicht kennt, trotzdem mit dem Arbeitsblatt umgehen
kann. Er braucht beispielsweise nicht wissen, in welchen Feldern Formeln gespeichert sind und welche Felder für Eingaben benötigt werden. Voraussetzung
dafür ist allerdings, daß die Dialogfelder ausreichende Informationen (z.B. Angaben über Gültigkeitsbereiche) über die gewünschten Eingaben enthalten.

Abbildung 4.22: Makro Betrachten/Drucken

	A
221	Drucken_Tabelle
222	=ECHO(FALSCH)
223	=AKTIVIEREN("4MIETE.XLM")
224	=AUSWÄHLEN("Z51S15")
225	=INHALTE.LÖSCHEN(1)
226	=MAKRO.AUSFÜHREN('4MIETE.XLM'!Sprung_Hilfstabelle)
227	=AUSWÄHLEN("Z8S14")
228	=ECHO(WAHR)
229	=DIALOGFELD(I48:O54)
230	=WENN(NICHT(UND('4MIETE.XLM'!O51>999;'4MIETE.XLM'!O51<10000));GEHE
231	=WENN(ZELLE("Inhalt")='4MIETE.XLM'!O51;GEHEZU(A234);AUSWÄHLEN("Z(1
232	=WENN(ZELLE("Typ")="b";GEHEZU(A254))
233	=GEHEZU(A231)
234	=FORMEL(ZELLE("Inhalt");'4MIETE.XLS'!artikel_nummer)
235	=AUSWÄHLEN("ZS(1)")
236	=FORMEL(ZELLE("Inhalt");'4MIETE.XLS'!E9)
237	=AUSWÄHLEN("ZS(1)")
238	=FORMEL(ZELLE("Inhalt");'4MIETE.XLS'!neuwert)
239	=AUSWÄHLEN("ZS(1)")
240	=FORMEL(ZELLE("Inhalt");'4MIETE.XLS'!laufzeit)
241	=AUSWÄHLEN("ZS(1)")
242	=FORMEL(ZELLE("Inhalt");'4MIETE.XLS'!ausnutzung)
243	=AUSWÄHLEN("ZS(1)")
244	=FORMEL(ZELLE("Inhalt");'4MIETE.XLS'!reparatur)
245	=MAKRO.AUSFÜHREN('4MIETE.XLM'!Sprung_Tabelle)
246	=DIALOGFELD(I71:O73)
247	=WENN('4MIETE.XLM'!O72=WAHR;;GEHEZU(A255))
248	=AUSWÄHLEN("Z1S1:Z39S7")
249	=DRUCKBEREICH.FESTLEGEN()
250	=AUSWÄHLEN("Z1S1")
251	Freier Platz für LAYOUT-Befehl
252	=DRUCKEN(1;;;1;FALSCH;WAHR;1)
253	=GEHEZU(A255)
254	=WARNUNG("Eingabe falsch oder abgebrochen - Makro stoppt";3)
255	=MAKRO.AUSFÜHREN('4MIETE.XLM'!Sprung_Tabelle)
256	=RÜCKSPRUNG()

ZUSAMMENFASSUNG

In diesem Kapitel wurden die Makrofunktionen beschrieben, die Sie zur Gestaltung interaktiver Anwendungen benötigen.

Sie kennen die grundsätzlichen Ziele bei der Erstellung interaktiver Programme:

o Unterstützung bei der Eingabe und
o Unterstützung in Fehlersituationen.

Soll ein Programm den Anwender bei der Eingabe unterstützen, muß es Informationen über die einzugebenden Daten bereitstellen (z.B. Informationen über den Gültigkeitsbereich). Soll es in Fehlersituationen behilflich sein, muß es beispielsweise einen entsprechenden Hinweis liefern und/oder unmittelbare Korrekturmöglichkeiten bieten.

Der grundsätzliche Aufbau von Dialogfenstern sowie die wichtigsten Elemente der Dialogfenstergestaltung wurden besprochen. Einen vollständigen Überblick über die einzelnen Elementtypen gibt das Handbuch.

Weiterhin haben Sie eine Möglichkeit der Datenverwaltung kennengelernt und insbesondere erfahren, wie man Daten einer Tabelle mit Hilfe von Makros effizient mit einem Arbeitsblatt verknüpfen kann.

Schließlich wurde darauf hingewiesen, daß nach erfolgter Dateneingabe verschiedene Arten von Plausibilitätsprüfungen existieren: Einerseits erfolgt die Differenzierung, ob Sie eine **formelle** oder **inhaltliche** Prüfung der Werte vornehmen wollen, andererseits können Sie wählen, ob Sie die eingegebenen Werte auf **Gültigkeit** oder **Ungültigkeit** prüfen wollen.

ÜBUNGEN

(1)

Laden Sie die Datei 4UEBUNG.XLS. Auf dem Bildschirm erscheinen die Ihnen aus der Datei 3TILGUNG.XLS bekannten Kopfdaten. Schreiben Sie ein Makro (aufzurufen durch den Tastenschlüssel STRG-e), das ein Dialogfenster nutzt, in das Sie folgende Werte eingeben können:

o *Kreditbetrag* - Es kann ein beliebiger Wert zwischen 10.000 und 50.000 eingegeben werden.

o *Jahreszins* - Für verheiratete Mitarbeiter ist ein Zinssatz von 4 %, für nicht verheiratete Mitarbeiter ein Zinssatz von 5 % vorzusehen.

o *Laufzeit* - Die Laufzeit kann entweder 4, 8 oder 12 Jahre betragen.

Entwerfen Sie ein Dialogfenster ganz nach Ihren Vorstellungen. Für den Fall, daß Schaltfläche **Abbrechen** gewählt wird, soll das Makro unmittelbar beendet werden.

Wird Schaltfläche **OK** gewählt, sollen die eingegebenen Werte einer Plausibilitätskontrolle unterzogen werden. Im Fehlerfall soll ein entsprechender Hinweis angezeigt und das Dialogfenster erneut geöffnet werden.

Wurde kein Fehler entdeckt, sollen die eingegebenen Werte in die entsprechenden Felder der Tabelle übertragen werden. Wir haben diesen Feldern die Bezeichnungen *Kreditbetrag*, *Jahreszins* und *Laufzeit* gegeben.

Die Makrovorlage soll unter dem Dateinamen 4UEBUNG1.XLM gespeichert werden.

(2)

Stellen Sie sich vor, Sie präsentieren Ihrem Chef das unter Übung (1) vorgestellte Makro. Er ist zwar mit dem Makro einverstanden, hält aber das von Ihnen entworfene Dialogfenster für unangemessen.

Laden Sie die Datei 4ZWEITE.XLM. Diese Makrovorlage enthält die von Ihrem Chef bevorzugte Dialogfelddefinition sowie ein Makro, das lediglich aus dem Aufruf des Dialogfensters besteht. Rufen Sie das Makro durch Drücken von STRG-c auf. Es erscheint das von Ihrem Chef entworfende Dialogfenster.

Ihr Chef sagt Ihnen "Ihr Makro läuft ja bereits, Sie brauchen ja nur mein Dialogfenster zu übernehmen", und verabschiedet sich.

Leider - und das scheint Ihr Chef übersehen zu haben - hängen Makro und Dialogfenster viel enger zusammen, als er vermutet. Das ursprüngliche Makro kann nicht übernommen werden, da unterschiedliche Dialogfeldelemente verwendet werden sollen. Beispielsweise verwendet das neue Dialogfenster runde Optionsfelder, mit denen Sie bisher nicht gearbeitet haben.

Aus einer Gruppe runder Optionsfelder wird **eine** Option ausgewählt. Runde Optionsfelder werden über die Elementnummer 12 definiert, das Gruppierungs-Optionsfeld wird über die Nummer 14 definiert. Hierbei handelt es sich um ein Optionsfeld, mit dessen Hilfe Sie Elemente Ihres Dialogfensters gruppieren können.

Die Optionsfeldgruppe, die die Position der ausgewählten Option in ihrer Ergebnisspalte wiedergibt, wird über die Nummer 11 definiert. Jeder Gruppe runder Optionsfelder muß ein solches Optionsfeld vorangestellt werden (s. Abbildung 4.23).

Die Ergebnisspalte in Zeile 10 (Rundes Optionsfeld) enthält den Wert 3 (Feld J10). Damit wurde beim letzten Bearbeiten des Dialogfensters die dritte Option der gruppierten Felder ausgewählt.

Abbildung 4.23: Definition runder Optionsfelder

	C	D	E	F	G	H	I	J
1	Dialogfenster Chef	Elem.	X	Y	Breite	Höhe	Text	Erg.
2								
3	Größe		0	0	420	175		
4	Text	5					="------------> Eingabe	
5	Text	5	12	40			&Kreditbetrag (10.000 -	
6	Zahlenfeld Kreditbetrag	8	12	60				10000
7	Viereckiges Optionsfeld	13	200	60			&Verheiratet (Ja/Nein)	WAHR
8	Text	5	220	85			="Ja = 4 % / Nein = 5 %"	
9	Gruppierungs-Optionsfeld	14	12	100	160	65	Laufzeit	
10	Rundes Optionsfeld	11	12	114	160	65		3
11	1. Option	12	19	114	120	16	&6 Jahre	
12	2. Option	12	19	130	120	16	&8 Jahre	
13	3. Option	12	19	146	120	16	&12 Jahre	
14	Schaltfläche OK	1	290	110	100	25	Okay	
15	Schaltfläche Abbrechen	2	290	140	100	25	Abbrechen	

Da die Dialogfelddefinition sowie der Aufruf des Dialogfensters bereits vorbereitet sind, können Sie das Arbeiten mit runden Optionsfeldern ausführlich testen.
Weitere Informationen über das Arbeiten mit runden Optionsfeldern finden Sie
im Handbuch.

Ihre Aufgabe besteht nun darin, ein Makro zu schreiben, das mit dem von Ihrem
Chef entworfenden Dialogfenster korrespondiert.

5 UNTERPROGRAMME

Zur Erfolgsplanung und -kontrolle führt der Vertriebsleiter der Beispiel AG für seine 12 Filialen kurzfristige Erfolgsrechnungen auf Basis der Deckungsbeitragsrechnung nach folgendem Schema durch:

```
        Umsatz
  -     Vertriebseinzelkosten
  -----------------------------------------------------
  =     Deckungsbeitrag I (DB-I)
  -     Anteilige Gemeinkosten
  -----------------------------------------------------
  =     Deckungsbeitrag II (DB-II)
```

Umsatz und Vertriebseinzelkosten (z.B. Löhne und Gehälter der Mitarbeiter oder Mieten bzw. Abschreibungen für die Büroräume) können den einzelnen Filialen direkt zugerechnet werden. Problematisch ist die Verteilung der Vertriebsgemeinkosten. Da eine verursachungsgemäße Verteilung dieser Kosten nicht möglich ist, wird versucht, durch Wahl geeigneter Bezugsgrößen die Gemeinkosten "möglichst genau" auf die Filialen zu verteilen.

Für eine bestimmte Abrechnungsperiode müssen folgende Gemeinkosten auf die Filialen verteilt werden:

o Gemeinkosten Verwaltung: 3,50 Mio. DM
o Gemeinkosten Produktion: 2,10 Mio. DM
o Gemeinkosten EDV: 0,85 Mio. DM
o Summe Gemeinkosten: 6,45 Mio. DM

Abbildung 5.1 enthält die von der Beispiel AG standardmäßig verwendeten Schlüsselparameter und deren Gewichtungen.

Abbildung 5.1: Standardeinstellung Schlüsselparameter

```
    A|  AB              AC            AD     AE       AF         AG    A
  1 : -------------------------------------------------------------- :
  2 :        BEISPIEL AG       :  Schlüsselparameter zur            :
  3 :      - V e r t r i e b - :  Gemeinkostenermittlung            :
  4 : -------------------------------------------------------------- :
  5 :                  Summe Gemeinkosten:        6450 TDM           :
  6 : -------------------------------------------------------------- :
  7 : Gemeinkosten Verwaltung      3500 TDM                         :
  8 :              Mitarbeiter  Index Umsatz Einzelk.    Summe      :
  9 : (%)                  50      0     50         0      100      :
 10 : -------------------------------------------------------------- :
 11 : Gemeikosten Produktion:      2100 TDM                         :
 12 :              Mitarbeiter  Index Umsatz Einzelk.    Summe      :
 13 : (%)                  25      0     25        50      100      :
 14 : -------------------------------------------------------------- :
 15 : Gemeinkosten EDV:             850 TDM                         :
 16 :              Mitarbeiter  Index Umsatz Einzelk.    Summe      :
 17 : (%)                  25     25     25        25      100      :
 18 : -------------------------------------------------------------- :
 19 :  Einstellung Sortierkriterium          1 Filialen (1-12)     :
 20 : -------------------------------------------------------------- :
```

Die verwendeten Schlüsselgrößen sind

o Anzahl Mitarbeiter,
o Strukturindex,
o Umsatz und
o Einzelkosten.

Die Verwaltungskosten (3,5 Mio. DM) werden zu 50% in Abhängigkeit von der
Mitarbeiterzahl geschlüsselt und zu 50% in Abhängigkeit von der Höhe des Um-
satzes. Ausschlaggebend für die Wahl dieser Schlüsselgrößen waren folgende
Überlegungen:

Je mehr Mitarbeiter in einer Filiale arbeiten, desto mehr Verwaltungsaufwand
verursacht diese Filiale, z.B. hinsichtlich der Anzahl Lohn- und Gehaltsabrech-
nungen. Je mehr Umsatz eine Filiale erzielt, desto mehr Buchungen, Rechnungs-
prüfungen und ähnliche kaufmännische Vorgänge fallen in der Hauptverwaltung
für diese Filiale an. Eine Verteilung der Verwaltungskosten auf Basis der Mitarbeiterzahl und der Umsatzhöhe schien daher am gerechtesten zu sein. Die Ver-

teilung der Produktionskosten basiert zu 25% auf der Mitarbeiterzahl, zu 25% auf der Umsatzhöhe und zu 50% auf der Höhe der Einzelkosten.

Für die EDV-Gemeinkosten wurden die Gewichtungsziffern über alle Schlüsselgrößen gleich (d.h. jeweils mit einer Gewichtung von 25%) verteilt.

Der Strukturindex charakterisiert über eine Kennziffer (1 oder 2) die Kaufkraft der Region, in der die einzelnen Filialen angesiedelt sind. Wird Kennziffer 1 gewählt, handelt es sich um eine strukturschwache Region (z.B. ausgedrückt durch das regionale Bruttosozialprodukt); wird Kennziffer 2 vergeben, handelt es sich um eine strukturstarke Region (z.B. eine Großstadt). Über die Schlüsselung von 25% der EDV-Gemeinkosten versucht die Beispiel AG, diesem Faktor in angemessener Weise Rechnung zu tragen.

Abbildung 5.2 enthält den Überblick über die 12 Filialen. Sie erkennen, daß Filiale 6 den höchsten Deckungsbeitrag (DB-2) erwirtschaftet hat. Wir wollen uns jedoch im folgenden in die Situation der Filiale 10 versetzen.

Abbildung 5.2: Überblick Filialen (Standardgewichtung)

```
   | B|     C    |D|  E  |  F  |   G    |   H    |   I  |   J    |  K  |L
 1 | : --------------------------------------------------------------- :
 2 | : Beispiel AG : Überblick Filialen                                :
 3 | : --------------------------------------------------------------- :
 4 | :      4.6.92 : Anzahl             Einzel-        Gemein-          :
 5 | : Kapitel 5   : Mitar- In-  Umsatz kosten  DB-1   kosten   DB-2    :
 6 | :             : beiter dex  (TDM)  (TDM)          (TDM)            :
 7 | : --------------------------------------------------------------- :
 8 | : Filiale 01  :    12   2     890    500    390     322      68    :
 9 | : Filiale 02  :    14   2    1000    550    450     364      86    :
10 | : Filiale 03  :    23   1    3300   2500    800     966    -166    :
11 | : Filiale 04  :    17   2    1500   1000    500     511     -11    :
12 | : Filiale 05  :    15   2    1300    760    540     437     103    :
13 | : Filiale 06  :    10   2    1230    600    630     357     273    :
14 | : Filiale 07  :     9   2     870    700    170     308    -138    :
15 | : Filiale 08  :    13   2     700    350    350     292      58    :
16 | : Filiale 09  :    24   1    1600   1050    550     595     -45    :
17 | : Filiale 10  :    40   1    2300   1500    800     910    -110    :
18 | : Filiale 11  :    18   2    1800   1300    500     594     -94    :
19 | : Filiale 12  :    35   2    2000   1200    800     794       6    :
20 | : --------------------------------------------------------------- :
21 | :             :   230  21  18.490 12.010  6.480   6.450      30   :
22 | : --------------------------------------------------------------- :
```

Abbildung 5.3: Von Filiale 10 gewünschte Gewichtung der Schlüsselparameter

```
    |A|  AB           AC        AD    AE     AF        AG    |A
 1  | : ---------------------------------------------------------- :
 2  | :        BEISPIEL AG     :  Schlüsselparameter zur           :
 3  | :  - V e r t r i e b - :  Gemeinkostenermittlung             :
 4  | : ---------------------------------------------------------- :
 5  | :              Summe Gemeinkosten:         6450 TDM          :
 6  | : ---------------------------------------------------------- :
 7  | : Gemeinkosten Verwaltung     3500 TDM                       :
 8  | :               Mitarbeiter  Index Umsatz Einzelk.    Summe  :
 9  | : (%)                    0      50     50         0      100  :
10  | : ---------------------------------------------------------- :
11  | : Gemeikosten Produktion:     2100 TDM                       :
12  | :               Mitarbeiter  Index Umsatz Einzelk.    Summe  :
13  | : (%)                    0      25     25        50      100  :
14  | : ---------------------------------------------------------- :
15  | : Gemeinkosten EDV:            850 TDM                       :
16  | :               Mitarbeiter  Index Umsatz Einzelk.    Summe  :
17  | : (%)                   25      25     25        25      100  :
18  | : ---------------------------------------------------------- :
19  | :  Einstellung Sortierkriterium           1 Filialen (1-12)  :
20  | : ---------------------------------------------------------- :
```

Der Leiter der Filiale 10 nimmt wie folgt zu diesem Ergebnis Stellung: "Mein Ergebnis ist deshalb so schlecht, weil gerade jene Parameter stark gewichtet werden, die bei mir relativ ungünstig sind. Durch die ungünstige geographische Lage (Strukturindex 1) benötige ich mehr Mitarbeiter, um gleiche Umsatzzahlen wie Filialen aus besseren Regionen zu erreichen." Er schlägt daraufhin vor, den Strukturindex bei der Verteilung der Gemeinkosten stärker zu berücksichtigen als bisher. Abbildung 5.3 zeigt die vom Leiter der Filiale 10 angestrebte Gewichtung der Schlüsselparameter. Das Ergebnis der neuen Berechnung wird in Abbildung 5.4 gezeigt: Filiale 10 hat den höchsten Deckungsbeitrag erwirtschaftet.

Dem Vertriebsleiter ist bekannt, daß die Verteilung der Gemeinkosten mit Hilfe ausgewählter Umlageschlüssel immer wieder von den Filialleitern, die schlecht abschneiden, kritisiert wird. Die Bestimmung der "richtigen" Umlageschlüssel ist nicht einfach. "Richtig" hieße, daß ein Kostenschlüssel eine Verteilung nach dem Prinzip der Kostenverusachung ermöglicht. Das setzt allerdings voraus, daß die Schlüssel möglichst zu allen Faktoren, die die Kostenrechnung beeinflussen, proportional sind.

Die Berechnung, welche Auswirkungen eine veränderte Gewichtung der Schlüsselgrößen auf das Ergebnis hat, ist sehr aufwendig. Der Vertriebsleiter beschließt daher, ein makro-unterstütztes Arbeitsblatt aufzubauen, das den Einfluß unterschiedlicher Gewichtungen auf den Deckungsbeitrag ermittelt.

Abbildung 5.4: Überblick Filialen (Gewichtung gemäß Filiale 10)

	B	C	D	E	F	G	H	I	J	K	L
1	:	--									:
2	:	Beispiel AG : Überblick Filialen									:
3	:	--									:
4	:	4.6.92 : Anzahl					Einzel-		Gemein-		:
5	:	Kapitel 5 : Mitar-		In-	Umsatz	kosten	DB-1	kosten	DB-2		:
6	:	: beiter		dex	(TDM)	(TDM)		(TDM)			:
7	:	--									:
8	:	Filiale 01 :		12	2	890	500	390	420	-30	:
9	:	Filiale 02 :		14	2	1000	550	450	442	8	:
10	:	Filiale 03 :		23	1	3300	2500	800	846	-46	:
11	:	Filiale 04 :		17	2	1500	1000	500	560	-60	:
12	:	Filiale 05 :		15	2	1300	760	540	506	34	:
13	:	Filiale 06 :		10	2	1230	600	630	475	155	:
14	:	Filiale 07 :		9	2	870	700	170	436	-266	:
15	:	Filiale 08 :		13	2	700	350	350	380	-30	:
16	:	Filiale 09 :		24	1	1600	1050	550	466	84	:
17	:	Filiale 10 :		40	1	2300	1500	800	623	177	:
18	:	Filiale 11 :		18	2	1800	1300	500	632	-132	:
19	:	Filiale 12 :		35	2	2000	1200	800	664	136	:
20	:	--									:
21	:	:		230	21	18.490	12.010	6.480	6.450	30	:
22	:	--									:

ZIELE DES KAPITELS

Wir werden Ihnen zunächst das Arbeitsblatt und die Hilfsfelder, die für die Ermittlung der Deckungsbeiträge benötigt werden, vorstellen.

Anschließend werden wir Ihnen zeigen, wie man eine relativ umfangreiche und aus mehreren Einzelkomponenten bestehende Anwendung durch Einsatz von Makros unterstützen kann. Im Vergleich zu den vorhergehenden Kapiteln wird sich auch der Umfang der Makros erhöhen. Damit die Übersichtlichkeit gewahrt bleibt, werden wir eine weitere Möglichkeit nutzen, die Excel bei der Erstellung von Makros bietet: die Verwendung von Makros als Unterprogramme.

Unterprogramme stellen ein wichtiges Konzept dar, wenn es gilt, flexible und leistungsfähige Programme zu schreiben. Sie werden erfahren, welche Vorteile Unterprogramme bieten und wann der Einsatz von Unterprogrammen sinnvoll ist.

DAS ARBEITSBLATT

Laden Sie die Datei 5VERK.XLS. Sie können dem Auswahlbild entnehmen, daß wir 9 Makros zur Bearbeitung der Tabelle vorbereitet haben. Abbildung 5.5 zeigt das Auswahlbild.

Abbildung 5.5: Auswahlbild

```
     R|      S                 T                  U          V
   1 : -----------------------------------------------------------  :
   2 :   BEISPIEL AG  :       Vertriebsbereich               :
   3 :   Hauptmenü    :       Überblick Filialen              :
   4 : -----------------------------------------------------------  :
   5 :   Tastendruck   Makro                                  :
   6 : -----------------------------------------------------------  :
   7 :       Strg-t    Betrachten Tabelle                     :
   8 :       Strg-m    Betrachten Makros                      :
   9 :       Strg-a    Betrachten Schlüsseldaten  :
  10 :       Strg-g    Übernahme Grunddaten                   :
  11 :       Strg-p    Verändern Parameter                    :
  12 :       Strg-d    Drucken                                :
  13 :       Strg-o    Sortieren                              :
  14 : -----------------------------------------------------------  :
  15 :       Strg-s    Speichern alle Dateien                 :
  16 : -----------------------------------------------------------  :
  17 :       Strg-w    Zurück zur Auswahl                     :
  18 : -----------------------------------------------------------  :
```

Die Anwendung besteht aus folgenden acht Teilen:

o dem Auswahlbild,
o dem Eingabebild für Schlüsselparameter und Sortierkriterium,
o den Hilfsfeldern zur Berechnung der anteiligen Gemeinkosten,
o dem ersten Arbeitsblatt, das seine Daten aus der Datei 5DATEN.XLS (Grunddaten) sowie aus den Hilfsfeldern (Gemeinkosten) übernimmt,

o dem zweiten Arbeitsblatt (mit gleichem logischen Aufbau wie das erste Arbeitsblatt), das wir für Sortier- und Druckvorgänge verwenden werden,

o den Grunddaten, die in der Datei 5DATEN.XLS gespeichert sind,

o den Makros, die in der Datei 5VERK.XLM gespeichert sind und

o den Unterprogrammen, die in der Datei 5VERK2.XLM gespeichert sind.

Hilfsfelder sowie erstes und zweites Arbeitsblatt

Drücken Sie STRG-t, um nach Feld A1 der Tabelle zu gelangen. Vor Ihnen auf dem Bildschirm befindet sich das Arbeitsblatt, das Sie bereits in Abbildung 5.2 gesehen haben.

Die Daten des Arbeitsblattes werden der Datei 5DATEN.XLS über ein Makro entnommen. Innerhalb des Arbeitsblattes erfolgen Berechnungen zur Ermittlung der beiden Deckungsbeiträge. Die anteiligen Gemeinkosten werden den Hilfsfeldern entnommen. Bewegen Sie den Cursor zwei Bildseiten nach unten. Sie sehen die Hilfsfelder zur Berechnung der anteiligen Gemeinkosten (s. Abbildung 5.6). Bewegen Sie den Cursor nach Feld E38:

$$\text{SUMME} ((\text{Verwaltung} * \$AC\$9 / 100) * (E8 / s\_anzahl) +$$
$$(\text{Verwaltung} * \$AD\$9 / 100) * (F8 / s\_index) +$$
$$(\text{Verwaltung} * \$AE\$9 / 100) * (G8 / s\_umsatz) +$$
$$(\text{Verwaltung} * \$AF\$9 / 100) * (H8 / s\_einzel))$$

Abbildung 5.6: Hilfsfelder zur Gemeinkostenermittlung

	C	D	E	F	G	H
37			Verw.	Prod.	EDV	Summe
38	Filiale 01	:	176	96	50	322
39	Filiale 02	:	201	108	54	364
40	Filiale 03	:	487	365	114	966
41	Filiale 04	:	271	169	71	511
42	Filiale 05	:	237	138	62	437
43	Filiale 06	:	193	110	54	357
44	Filiale 07	:	151	106	51	308
45	Filiale 08	:	165	80	46	292
46	Filiale 09	:	334	192	69	595
47	Filiale 10	:	522	288	100	910
48	Filiale 11	:	307	206	81	594
49	Filiale 12	:	456	242	97	794
50	S u m m e	:	3500	2100	850	6450

Dazu folgende Erklärungen:

o Den Summenfeldern des Arbeitsblattes haben wir die Bezeichnungen *s_anzahl* (Summe Anzahl Mitarbeiter), *s_index* (Summe Index), *s_umsatz* (Summe Umsatz) und *s_einzel* (Summe Einzelkosten) gegeben.

o Feld AD7 speichert die Verwaltungsgemeinkosten. Diesem Feld haben wir die Bezeichnung *Verwaltung* gegeben.

o Die Felder AC9 bis AF9 speichern die Parameter für die Schlüsselung der Verwaltungsgemeinkosten, z.B. speichert Feld AC9 den Wert 50. Der Wert 50 besagt, daß den Filialen 50% der Verwaltungsgemeinkosten in Abhängigkeit von der jeweiligen Mitarbeiterzahl zugeordnet werden. Feld AD9 speichert den Wert 0, d.h. daß der Strukturindex keinen Einfluß auf die Verteilung der Verwaltungsgemeinkosten hat.

Wir wollen den Rechenvorgang an einem Beispiel demonstrieren. Es soll eine Verteilung der Verwaltungsgemeinkosten in Höhe von 3.500 TDM gemäß der Standardgewichtung vorgenommen werden:

Mitarbeiter - 50%   Index - 0%   Umsatz - 50%   Einzelkosten - 0%

Damit ergeben sich für Filiale 1 folgende Einzelwerte:

3.500 * 50/100 * 12/230   +

3.500 * 0/100 * 2/21   +

3.500 * 50/100 * 890/18.490   +

3.500 * 0/100 * 500/12.010

= 0 + 91,30 + 0 + 84,23 + 0 = 176 (gerundet)

Nach diesem Rechenverfahren werden für sämtliche Filialen die anteiligen Gemeinkosten ermittelt.

Bewegen Sie den Cursor zum zweiten Arbeitsblatt nach Feld A101. Dieses Arbeitsblatt ist auf den ersten Blick mit dem ersten identisch: Es gibt jedoch eine Ausnahme: Das zweite Arbeitsblatt enthält im Gegensatz zum ersten keine Formeln. Alle Werte sind "echt". Sortiervorgänge lassen sich daher mit diesem Arbeitsblatt problemlos durchführen; Auswirkungen aufgrund von Formeln, die auf andere Tabellenbereiche verweisen, können sich nicht ergeben.

Drücken Sie STRG-w, um mit dem Cursor zum Auswahlbild zu springen.

Schlüsselparameter

Als nächstes wollen wir das Eingabebild für die Schlüsselparameter betrachten. Drücken Sie dazu STRG-a. Dieses Bild haben Sie bereits zu Beginn des Kapitels kennengelernt: Es speichert die für die Gemeinkostenermittlung benötigten Schlüsseldaten. Am unteren Bildschirmrand (Zeile 19) sehen Sie das aktuelle Sortierkriterium. Drücken Sie STRG-m, um zur Makrovorlage zu gelangen.

Abbildung 5.7: Sprungmakros und Autoexec-Makro

	A	B
1	Tabelle	STRG-t
2	=AKTIVIEREN("5verk.xls")	Betrachten Tabelle
3	=AUSWAHLEN("z1s1")	
4	=RÜCKSPRUNG()	
5		
6		
7	Makro	STRG-m
8	=AKTIVIEREN("5verk.xlm")	Betrachten Makros
9	=AUSWÄHLEN("z1s1")	
10	=AUSWÄHLEN("Z(19)S")	
11	=RÜCKSPRUNG()	
12		
13		
14	Auswahl	STRG-w
15	=AKTIVIEREN("5verk.xls")	Sprung zur Auswahl
16	=FORMEL.GEHEZU("z1s17";WAHR)	
17	=RÜCKSPRUNG()	
18		
19		
20		
21	Schlüsseldaten	STRG-a
22	=AKTIVIEREN("5verk.xls")	Betrachten Schlüsseldaten
23	=AUSWAHLEN("z1s1")	
24	=AUSWAHLEN("z1s31")	
25	=RÜCKSPRUNG()	
26		
27		
28	Start	Autoexec-Makro
29	=ECHO(FALSCH)	ohne Tastenschlüssel
30	=ÖFFNEN("5daten.xls")	Laden Grunddaten
31	=ÖFFNEN("5verk2.xlm")	Laden Unterprogramme
32	=MAKRO.AUSFÜHREN('5VERK.XLM'!Auswahl)	Sprung zur Auswahl
33	=FENSTER.VOLLBILD()	Aktivieren Vollbild
34	=RÜCKSPRUNG()	Ende Autoexec-Makro

DIE MAKROS

Da Sie die ersten Makros bereits aus den Anwendungen der vorhergehenden Kapitel kennen (s. Abbildung 5.7), kann ohne weiteres auf Erklärungen verzichtet werden.

Wir beginnen unsere Beschreibung mit dem Makro *Übernahme*.

Makro: Übernahme

Abbildung 5.8 zeigt das Makro *Übernahme*. Das Makro besteht aus vier Anweisungen, die bewirken, daß die Daten der Datei 5DATEN.XLS in unsere Anwendung aus 5VERK.XLS übernommen werden.

Abbildung 5.8: Das Makro Übernahme

	A	B
39	=ECHO(FALSCH)	Übernahme Grunddaten
40	='5VERK2.XLM'!Übernahme()	Aufruf Unterprogramm
41	=MAKRO.AUSFÜHREN('5VERK.XLM'!Auswahl)	Rücksprung zur Auswahl
42	=RÜCKSPRUNG()	

Obgleich zahlreiche Werte aus 5DATEN.XLS übernommen werden müssen, reichen vier Anweisungen aus, um die Übernahme zu realisieren. Wie ist das möglich? Abbildung 5.9 zeigt den Inhalt der Datei 5DATEN.XLS.

Betrachten Sie die Anweisung in Feld A40 der Makrovorlage:

$$='5VERK2.XLM'!Übernahme()$$

Mit dieser Anweisung wird das Makro *Übernahme* der Makrovorlage 5VERK2.XLM als Unterprogramm aufgerufen.

Damit wird klar, daß nicht das Hauptprogramm in 5VERK.XLM, sondern das Unterprogramm in 5VERK2.XLM die eigentlichen Befehle für die Übernahme der Grunddaten enthält. Das Hauptprogramm hat an dieser Stelle die Aufgabe, die **Reihenfolge** der Befehle zu steuern.

Ein Unterprogramm wird wie folgt aufgerufen:

Bezug(Argument1;Argument2;...)

Wenn Excel beim Abarbeiten eines Makros auf einen **Bezug,** gefolgt von einem Klammernpaar, trifft, verzweigt die Makroausführung zum Feld in der oberen linken Ecke von **Bezug**. Das in diesem Feld beginnende Makro wird als Unterprogramm-Makro bezeichnet.

Abbildung 5.9: Die Datei 5DATEN.XLS

	A	B	C	D	E	F	G	H
1	:	--					---	:
2	:	BEISPIEL AG	:	Grunddaten Vertriebsbereich				:
3	:	--					---	:
4	:	4.6.92	:	Anzahl	Index	Umsatz	Einzel-	:
5	:	Datei: 5DATEN	:	Mit-		(TDM)	kosten	:
6	:		:	arbeiter			(TDM)	:
7	:	--					---	:
8	:	Filiale 01	:	12	2	890	500	:
9	:	Filiale 02	:	14	2	1000	550	:
10	:	Filiale 03	:	23	1	3300	2500	:
11	:	Filiale 04	:	17	2	1500	1000	:
12	:	Filiale 05	:	15	2	1300	760	:
13	:	Filiale 06	:	10	2	1230	600	:
14	:	Filiale 07	:	9	2	870	700	:
15	:	Filiale 08	:	13	2	700	350	:
16	:	Filiale 09	:	24	1	1600	1050	:
17	:	Filiale 10	:	40	1	2300	1500	:
18	:	Filiale 11	:	18	2	1800	1300	:
19	:	Filiale 12	:	35	2	2000	1200	:
20	:	--					---	:
21	:	Gemeinkosten		Verteilung	in	Prozent		:
22	:	Verwaltung	:	50	0	50	0	:
23	:	Produktion	:	25	0	25	50	:
24	:	EDV	:	25	25	25	25	:
25	:							:
26	:	Gemeinkosten	:	6450				:
27	:	Verwaltung	:	3500				:
28	:	Produktion	:	2100				:
29	:	EDV	:	850				:
30	:	--					---	:

Warum Unterprogramme?

Der Aufbau des Makros "Übernahme Grunddaten" weicht von den bisher vorgestellten Makros der Kapitel 1 bis 4 ab. Welche Vorteile bietet die "neue" Vorgehensweise? **Die Übersichtlichkeit der Hauptprogramme wird erhöht.** Dadurch,
daß die Makros lediglich die Steuerung der Befehlsfolgen übernehmen, reichen
wenige Zeilen für die Erstellung der Makros aus.

Die Verwendung von Makros als Unterprogramme bietet jedoch noch weitere
Vorteile. Wenn eine bestimmte Befehlsfolge von mehreren Makros benötigt wird,
braucht diese Befehlsfolge nur einmal eingegeben und gespeichert zu werden.
Unterprogramme reduzieren den Schreib- und Speicheraufwand.

Es gibt einen dritten Grund, der bei der Erstellung umfangreicherer Pro-
gramme/Makros für den Einsatz von Unterprogrammen spricht: Dadurch, daß
sich bestimmte Befehlsfolgen auf ein Unterprogramm konzentrieren, betreffen
Änderungen auch nur dieses Unterprogramm. Neben der Reduzierung des
Schreibaufwandes bei der Erstellung der Makros **reduziert sich der Aufwand
bei der Modifikation der Makros,** weil sich Änderungen auf ein Makro
beschränken.

Dazu ein Beispiel. Wir haben in diesem Kapitel die Art der Plausibilitätsprüfung
geändert. Die Prüfung erfolgt nicht mehr unmittelbar nach Bearbeiten der Dialogfelder, sondern später, wenn das Arbeitsblatt sortiert oder gedruckt werden soll.
Wir haben dazu ein Unterprogramm geschrieben, das vor dem Druck- und Sortiervorgang eine Prüfung der Schlüsseldaten vornimmt.

Dadurch, daß Daten auch "manuell" in das Arbeitsblatt eingegeben werden können (und nicht nur über Dialogfelder), können sich nachträglich Fehler einschlei-
chen, die durch das Dialogprogramm nicht abgefangen werden. Eine Prüfung
unmittelbar nach Bearbeiten des Dialogfensters wäre sinnlos, wenn später fehlerhafte Daten "manuell" eingegeben werden. Es erschien uns daher besser, eine
Prüfung erst erfolgen zu lassen, wenn wichtige Vorgänge durchgeführt werden.

Wenn nun weitere Daten geprüft werden müßten, braucht lediglich das Unterprogramm geändert werden. Wenn die Prüfung bestimmter Feldinhalte modifiziert
werden muß, z.B. wenn sich der Gültigkeitsbereich für ein Feld geändert hat,
brauchen Sie ebenfalls nur **eine** Änderung vorzunehmen. Obgleich die Datenprü-
fung von mehreren Makros benötigt wird, brauchen Sie die Änderungen nur einmal eingeben.

Abbildung 5.10: Das Unterprogramm Übernahme

	A	B
1	Übernahme	Unterprogramm zur
2	=AKTIVIEREN("5daten.xls")	Übernahme der Daten
3	=AUSWÄHLEN("z8s2:z19s7")	aus "5DATEN.XLS"
4	=KOPIEREN()	Aufgerufen von:
5	=AKTIVIEREN("5verk.xls")	5VERK.XLM - Übernahme
6	=AUSWÄHLEN("z8s3")	
7	=EINFÜGEN()	
8	=ABBRECHEN.KOPIEREN()	
9	=AKTIVIEREN("5daten.xls")	ab hier: Übernahme
10	=AUSWÄHLEN("z22s4:z22s7")	Schlüsseldaten
11	=KOPIEREN()	Verwaltung
12	=AKTIVIEREN("5verk.xls")	
13	=AUSWÄHLEN("z9s29")	
14	=EINFÜGEN()	
15	=ABBRECHEN.KOPIEREN()	
16	=AKTIVIEREN("5daten.xls")	ab hier: Übernahme
17	=AUSWÄHLEN("z23s4:z23s7")	Schlüsseldaten
18	=KOPIEREN()	Produktion
19	=AKTIVIEREN("5verk.xls")	
20	=AUSWÄHLEN("z13s29")	
21	=EINFÜGEN()	
22	=ABBRECHEN.KOPIEREN()	
23	=AKTIVIEREN("5daten.xls")	ab hier: Übernahme
24	=AUSWÄHLEN("z24s4:z24s7")	Schlüsseldaten EDV
25	=KOPIEREN()	
26	=AKTIVIEREN("5verk.xls")	
27	=AUSWÄHLEN("z17s29")	
28	=EINFÜGEN()	
29	=ABBRECHEN.KOPIEREN()	
30	=AKTIVIEREN("5daten.xls")	ab hier: Übernahme
31	=AUSWÄHLEN("z27s4")	Verwaltungskosten
32	=KOPIEREN()	
33	=AKTIVIEREN("5verk.xls")	
34	=AUSWÄHLEN("z7s30")	
35	=EINFÜGEN()	
36	=ABBRECHEN.KOPIEREN()	
37	=AKTIVIEREN("5daten.xls")	ab hier: Übernahme
38	=AUSWÄHLEN("z28s4")	Produktionskosten
39	=KOPIEREN()	
40	=AKTIVIEREN("5verk.xls")	
41	=AUSWÄHLEN("z11s30")	
42	=EINFÜGEN()	
43	=ABBRECHEN.KOPIEREN()	
44	=AKTIVIEREN("5daten.xls")	ab hier: Übernahme
45	=AUSWÄHLEN("z29s4")	EDV-Kosten
46	=KOPIEREN()	
47	=AKTIVIEREN("5verk.xls")	
48	=AUSWÄHLEN("z15s30")	
49	=EINFÜGEN()	
50	=ABBRECHEN.KOPIEREN()	
51	='5VERK2.XLM'!Übertrag()	Aufruf UP - Übertrag
52	=AKTIVIEREN("5Daten.xls")	Aktivieren 5DATEN.XLS
53	=AUSWÄHLEN("z1s1")	Sprung nach Feld A1
54	=AKTIVIEREN("5verk.xls")	
55	='5VERK2.XLM'!Sortieren(1)	Sortieren nach Filialen
56	=FORMEL(1;'5VERK.XLS'!sortier)	
57	=RÜCKSPRUNG()	

Unterprogramm: Übernahme

Abbildung 5.10 zeigt das Unterprogramm *Übernahme*. Wir haben die Unterprogramme in der Makrovorlage 5VERK2.XLM gespeichert. Damit sind Makros
und Unterprogramme in zwei Makrovorlagen gespeichert. Dies bringt folgenden
Vorteil mit sich: Sie könnten Unterprogramme erstellen und diese für mehrere
Anwendungen nutzen, ohne daß die jeweiligen (Haupt-)Makros benötigt bzw.
eingesehen werden können.

Öffnen Sie das Menü **Fenster** und springen Sie zur Makrovorlage
5VERK2.XLM. Obgleich das Makro relativ umfangreich ist, dürften Ihnen die
Befehle aus bereits besprochenen Anwendungen bekannt sein. Es werden jeweils
bestimmte Bereiche aus 5DATEN.XLS kopiert und nach 5VERK.XLS übertragen.

Bewegen Sie den Cursor nach Feld A55:

> =’5VERK2.XLM’!Sortieren(1)

Dieser Befehl bewirkt, daß das in der Makrovorlage 5VERK2.XLM gespeicherte
Unterprogramm *Sortieren* aufgerufen wird. Beim Aufruf wird der Wert 1 an das
Unterprogramm übergeben.

Was können wir aus diesem Beispiel ableiten? Zwei Dinge:

o Es ist möglich, daß ein Unterprogramm ein anderes Unterprogramm aufruft;

o Beim Aufruf des Unterprogramms können Parameter übergeben werden, ähnlich wie Sie es vielleicht von traditionellen Programmiersprachen (z.B. Pascal,
   PL/1) gewöhnt sind.

Nun stellt sich Ihnen möglicherweise die Frage, warum wir nach der Übernahme
der Grunddaten einen Sortiervorgang veranlaßt haben. Die Erklärung ist sehr einfach: Wir haben unterstellt, daß sich durch die Datenübernahme Teile der Daten
tatsächlich geändert haben, so daß bis dahin bestehende Sortierungen hinfällig
geworden sind. Der Parameter 1, der an das Unterprogramm übergeben worden
ist, bewirkt, daß eine einfache Sortierung nach Filialen (1 - 12) durchgeführt
wird.

Betrachten Sie die Anweisung in Feld A56:

> =FORMEL(1;’5VERK.XLS’!Sortier)

Erinnern Sie sich an das Eingabebild für die Schlüsselparameter? Am unteren
Bildschirmrand sahen Sie das Sortierkriterium (eine Zahl zwischen 1 und 4). Diesem Feld haben wir die Bezeichnung *Sortier* gegeben. Nachdem die Sortierung
nach Filialen durchgeführt worden ist, muß der Wert des neuen Kriteriums in

dieses Feld eingestellt werden. Dies wird über die Anweisung in Feld A56 realisiert: Der Wert 1 wird in das Feld *Sortier* der Datei 5VERK.XLS eingestellt.

Sie könnten nun entgegenhalten, daß dies eigentlich vom Unterprogramm *Sortieren* hätte erledigt werden müssen. Dies möchten wir zum Anlaß nehmen, um auf einen Problembereich hinzuweisen, der das Arbeiten mit Unterprogrammen häufig erschwert.

Darauf sollten Sie achten ...

Wenn Sie mit Unterprogrammen arbeiten, müssen Sie sich vorher im klaren sein, welche Aufgaben das aufrufende Makro, und welche das aufgerufene Makro erledigen soll. Wir hätten die Anweisung in Feld A56 ebenso in das Unterprogramm *Sortieren* einbringen können. Was kann passieren, wenn eine genaue Abgrenzung der Aufgaben von Haupt- und Unterprogramm fehlt? Dazu ein Beispiel:

Erinnern Sie sich noch an die Hilfstabelle in Kapitel 4, die die Daten der einzelnen Maschinen speichert (z.B. Neuwert, Ausnutzungsgrad)? Nachdem Sie innerhalb eines bestimmten Makros einen Datensatz zur Bearbeitung ausgewählt haben, wurde der Cursor auf das erste Feld des Datensatzes plaziert, der Inhalt des Feldes in das Arbeitsblatt kopiert, der Cursor um eine Spalte nach rechts verschoben, der Inhalt dieses Feldes in das Arbeitsblatt kopiert, der Cursor wieder um eine Spalte nach rechts verschoben usw.

Mit den Kenntnissen aus Kapitel 5 hätten wir diesen Kopiervorgang ebenso durch ein Unterprogramm erledigen lassen können. Eine wichtige Frage muß jedoch vorab beantwortet werden: Welches Makro bringt den Cursor zur **Ausgangsposition** (d.h. an den Beginn des ausgewählten Datensatzes) - das Haupt- oder das Unterprogramm?

Solange diese Frage nicht eindeutig beantwortet wird, kann das Zusammenspiel "Haupt- / Unterprogramm" nicht funktionieren.

Makro: Sortieren

Beginnen wir mit einem Test des Makros. Rufen Sie es durch Drücken von STRG-o auf. Excel öffnet daraufhin ein Dialogfenster, in dem Sie zwischen vier Sortierkriterien wählen können. Wählen Sie ein Sortierkriterium Ihrer Wahl und drücken Sie die RETURN-Taste.

Bewegen Sie anschließend den Cursor zum zweiten Arbeitsblatt nach Feld J102: Dieses Feld speichert den Text des von Ihnen soeben eingegebenen Sortierkriteriums, z.B. "Umsatz" oder "Einzelkosten". Betrachten Sie das zweite Arbeitsblatt und prüfen Sie, ob das zweite Arbeitsblatt tatsächlich so wie erwartet sortiert worden ist!

Drücken Sie STRG-a, um zum Eingabebild Schlüsseldaten zu gelangen. Bewegen Sie den Cursor nach Feld AE19: Dieses Feld speichert das von Ihnen eingegebene Sortierkriterium (eine Zahl zwischen 1 und 4), rechts daneben der zum Sortierkriterium gehörende Text.

Drücken Sie STRG-m, um zu den Makros zu gelangen und bewegen Sie den Cursor nach Feld A45. Abbildung 5.11 zeigt das Makro *Sortieren*. Betrachten Sie den Inhalt von Feld A49:

$$=\text{'5VERK2.XLM'!Prüfung()}$$

Bevor das Arbeitsblatt sortiert wird, stellt das Unterprogramm *Prüfung* sicher, daß sämtliche Schlüsseldaten den formellen Anforderungen genügen. Für den Fall, daß die Schlüsseldaten fehlerhaft sind, erhält das Feld *Fehlerfeld* der Makrovorlage 5VERK2.XLM den Wert 1. Dieses Feld wird nach Abarbeiten des Unterprogramms abgefragt (Feld A50):

$$=\text{WENN('5VERK2.XLM'!Fehlerfeld} <> 0;;\text{GEHEZU(A53))}$$

Wenn das Unterprogramm **keinen** Fehler entdecken konnte, erfolgt ein Sprung nach Feld A53. Wurde ein Fehler entdeckt, kommen die Anweisungen der Felder A51 und A52 zur Ausführung. Hier erfolgen eine Warnung und der Sprung an das Ende des Makros.

Abbildung 5.11: Das Makro Sortieren

	A
45	Sortieren
46	ECHO(FALSCH)
47	=AKTIVIEREN("5verk.xls")
48	=AUSWÄHLEN("z101s1")
49	='5VERK2.XLM'!Prüfung()
50	=WENN('5VERK2.XLM'!Fehlerfeld<>0;;GEHEZU(A53))
51	=WARNUNG("Fehler in den Schlüsseldaten - bitte vor Sortiervorgang prüfen";3)
52	=GEHEZU(A58)
53	=DIALOGFELD('5VERK.XLM'!D3:K12)
54	=WENN(A53=FALSCH;GEHEZU(A58))
55	=FORMEL('5VERK.XLM'!J6;'5VERK.XLS'!sortier)
56	='5VERK2.XLM'!Übertrag()
57	='5VERK2.XLM'!Sortieren('5VERK.XLS'!sortier)
58	=MAKRO.AUSFÜHREN('5VERK.XLM'!Auswahl)
59	=RÜCKSPRUNG()

In Feld A53 erfolgt der Aufruf des Dialogfensters. Für den Fall, daß Sie die zweite Übungsaufgabe aus Kapitel 4 noch nicht gelöst haben, erhalten Sie hier ein Beispiel für ein Dialogfenster, das mit runden Optionsfeldern arbeitet. Abbildung 5.12 zeigt die Dialogfelddefinition.

Abbildung 5.12: Dialogfenster Sortieren

	D	E	y	G	H	I	J
1	Elem.	x	y	Breite	Höhe	Text	Erg.
2							
3		0	0	280	180		
4	5	12	12			Auswählen Sortierkriterium	
5	14	12	30	240	100	Sortierkriterium festlegen	
6	11	12	30	240	100		1
7	12	16	48	200	16	nach &Filialen (1-12)	
8	12	16	66	200	16	nach &Umsatz	
9	12	16	84	200	16	nach &Einzelkosten	
10	12	16	102	200	16	nach &Deckungsbeitrag 2	
11	3	12	140	110	25	OKAY	
12	2	140	140	110	25	ABBRUCH	

Nachdem das Dialogfenster abgearbeitet worden ist, wird in Feld A54 abgefragt, ob Sie die Schaltfläche **Abbruch** gewählt haben. In einem solchen Fall stellt Excel den Wert FALSCH in das Feld, welches das Dialogfeld aufgerufen hat:

$$=WENN(A53=FALSCH;GEHEZU(A58))$$

Wenn Sie **Abbruch** gewählt haben, erfolgt unmittelbar der Sprung an das Ende des Makros.

Die Befehle für das Sortieren beginnen in Feld A55:

$$=FORMEL('5VERK.XLM'!J6;'5VERK.XLS'!Sortier)$$

Diese Anweisung überträgt den über das Dialogfenster ausgewählten Wert (gespeichert in der Ergebnisspalte der Dialogfelddefinition) in das Feld *Sortier* der Datei 5VERK.XLS. Damit speichern das Feld *Sortier* und die Ergebnisspalte der Dialogfelddefinition den gleichen Wert.

In Feld A56 wird das Unterprogramm *Übertrag* aufgerufen. Dieses Unterprogramm überträgt die Daten des ersten Arbeitsblattes in das zweite Arbeitsblatt. Warum ist dieser Schritt erforderlich? Wenn Sie zwischenzeitlich Änderungen an den Schlüsseldaten vorgenommen haben, sind die Auswirkungen dieser Änderungen zwar - über Formeln - in das erste Arbeitsblatt, aber noch nicht in das zweite Arbeitsblatt übernommen worden.

Um sicherzustellen, daß das zweite Arbeitsblatt nur mit den aktuellen Daten sortiert wird, haben wir das Unterprogramm *Übertrag* geschrieben, das die Aufgabe hat, die Daten vom ersten in das zweite Arbeitsblatt zu übertragen.

Der Aufruf der Unterprogramms *Sortieren* erfolgt in Feld A57:

=’5VERK2.XLM’!Sortieren(’5VERK.XLS’!Sortier)

Beim Aufruf wird als Parameter das momentan im Feld *Sortier* gespeicherte Sortierkriterium übergeben.

In Feld A58 erfolgt der Rücksprung zum Auswahlbild.

Unterprogramm: Übertrag

Wechseln Sie zur Makrovorlage 5VERK2.XLM und bewegen Sie den Cursor nach Feld C1. Abbildung 5.13 zeigt das Unterprogramm *Übertrag*.

Abbildung 5.13: Das Unterprogramm Übertrag

	C	D
1	Übertrag	Unterprogramm, um den Datenbereich
2	=AKTIVIEREN("5verk.xls")	des ersten Arbeitsblattes in das zweite
3	=AUSWÄHLEN("z8s3:z19s11")	Arbeitsblatt zu kopieren
4	=KOPIEREN()	Aufgerufen von:
5	=FORMEL.GEHEZU("z108s3")	5VERK2.XLM - Übernahme
6	=INHALTE.EINFÜGEN(3;1)	5VERK.XLM - Sortieren
7	=ABBRECHEN.KOPIEREN()	
8	=RÜCKSPRUNG()	

Das Unterprogramm *Übertrag* wird erstens vom Unterprogramm *Übernahme* und zweitens vom Makro *Sortieren* aufgerufen. Sowohl bei der Übernahme der Grunddaten, als auch beim Sortieren erschien es uns sinnvoll, das zweite Arbeitsblatt zu aktualisieren. *Übertrag* enthält eine Makrofunktion, die wir bislang noch nicht besprochen haben: Die Makrofunktion

INHALTE.EINFÜGEN(Inhalt;Operation;Überspringen;Transp onieren)

entspricht der Befehlsfolge **Bearbeiten - Inhalte einfügen. Inhalt** gibt an, **was** einzufügen ist, **Operation** legt fest, **welche Rechenoperation** beim Einfügen auszuführen ist:

Inhalt	Fügt ein	Operation	Aktion
1	Alles	1	Keine
2	Formeln	2	Addition
3	Werte	3	Subtraktion
4	Formate	4	Multiplikation
5	Notizen	5	Division

Überspringen ist ein Wahrheitswert, der dem Kontrollkästchen "Leerzellen überspringen" des Dialogfeldes **Inhalte einfügen** entspricht; **Transponieren** ist ein Wahrheitswert, der dem Kontrollkästchen "Transponieren" des Dialogfeldes **Inhalte einfügen** entspricht.

Die Anweisung

> =INHALTE.EINFÜGEN(3;1)

bewirkt demnach, daß die **Werte** (und nur die Werte) des ersten Arbeitsblattes ohne Durchführung von Rechenoperationen in das zweite Arbeitsblatt kopiert werden.

Unterprogramm: Sortieren

Abbildung 5.14 zeigt das Unterprogramm *Sortieren*. Dieses Unterprogramm wird von insgesamt 4 anderen Makros aufgerufen. Wir haben inzwischen zwei Aufrufe besprochen:

> *Sortieren(1)* und
>
> *Sortieren('5VERK.XLS'!sortier)*.

Das Unterprogramm muß sowohl Zahlen als Argumente, als auch Feldbezeichnungen akzeptieren können. Betrachten Sie die Anweisung in Feld E2 der Makrovorlage 5VERK2.XLM:

> =ARGUMENT("Krit")

Es wird eine Variable benötigt, die während der Unterprogrammausführung verwendet werden kann, unabhängig davon, ob eine Zahl, eine Formel oder ein Bezug an das Unterprogramm übergeben wurde. Variablen dieser Art werden mit Hilfe der Makrofunktion

> **ARGUMENT(Name;Datentypzahl)**

festgelegt. Wir haben unserer Variablen den Namen "Krit" gegeben. **Datentypzahl** legt den Typ des Argumentes fest (z.B. eine Zahl oder ein Text). Wenn Sie

Datentypzahl nicht spezifizieren, nimmt Excel an, daß es sich um eine Zahl, einen Text oder einen Wahrheitswert handelt. Bei der Beschreibung der Funktionsmakros am Ende dieses Kapitels gehen wir auf die möglichen Datentypen noch einmal ein.

Nachdem der Parameter "Krit" in Feld E2 definiert worden ist, haben wir in den Feldern von E3 bis E7 den Wert des Kriteriums abgefragt. Die Abfrage in Feld E7 stellt sicher, daß das Unterprogramm stoppt, wenn ein Wert kleiner 1 oder größer 4 übergeben wurde. Die Ausführung des Unterprogramms orientiert sich an dem Wert, den *Krit* momentan speichert. *Krit* erhält seinen Wert durch die Übergabe aus dem aufrufenden Programm. Betrachten wir als Beispiel den Fall, daß Sie das zweite Kriterium (Sortieren nach Umsatz) gewählt haben. In einem solchen Fall springt die Bearbeitung in das Feld E13:

$$=FORMEL("Umsatz";'5VERK.XLS'!AF19)$$

Abbildung 5.14: Das Unterprogramm Sortieren

	E
1	Sortieren
2	=ARGUMENT("Krit")
3	=WENN(Krit=1;GEHEZU(E8))
4	=WENN(Krit=2;GEHEZU(E13))
5	=WENN(Krit=3;GEHEZU(E18))
6	=WENN(Krit=4;GEHEZU(E23))
7	=WENN(ODER(Krit<1;Krit>4);GEHEZU(E28))
8	=FORMEL("Filialen (1-12)";'5VERK.XLS'!AF19)
9	=FORMEL("Filialen";'5VERK.XLS'!J102)
10	=AUSWÄHLEN("Z108S3:Z119S11")
11	=ORDNEN(1;!$C$108;1)
12	=GEHEZU(E29)
13	=FORMEL("Umsatz";'5VERK.XLS'!AF19)
14	=FORMEL("Umsatz";'5VERK.XLS'!J102)
15	=AUSWÄHLEN("z108s3:z119s11")
16	=ORDNEN(1;!$G$108;2)
17	=GEHEZU(E29)
18	=FORMEL("Einzelkosten";'5VERK.XLS'!AF19)
19	=FORMEL("Einzelkosten";'5VERK.XLS'!J102)
20	=AUSWÄHLEN("z108s3:z119S11")
21	=ORDNEN(1;!$H$108;2)
22	=GEHEZU(E29)
23	=FORMEL("DB-2";'5VERK.XLS'!AF19)
24	=FORMEL("DB-2";'5VERK.XLS'!J102)
25	=AUSWÄHLEN("z108s3:Z119s11")
26	=ORDNEN(1;!$K$110;2)
27	=GEHEZU(E29)
28	=WARNUNG("Kriterium falsch - Kein Sortieren";3)
29	=RÜCKSPRUNG()

Zunächst wird der Text "Umsatz" in das Feld AF19 der Datei 5VERK.XLS eingestellt. Sie erinnern sich: Dieses Feld befindet sich unterhalb des Eingabebildes für die Schlüsseldaten. Es speichert jeweils das zuletzt verwendete Sortierkriterium. Betrachten Sie die Anweisung in Feld E14:

$$=FORMEL("Umsatz";'5VERK.XLS'!J102)$$

Auch in die Kopfzeile des zweiten Arbeitsblattes gehört der Hinweis, nach welchem Kriterium das Arbeitsblatt sortiert ist. Der zu sortierende Bereich wird in Feld E15 ausgewählt:

$$=AUSWÄHLEN("Z108S3:Z119S11")$$

Anschließend wird das Arbeitsblatt mit Hilfe der Makrofunktion **ORDNEN** sortiert. In Feld E17 erfolgt der Sprung an das Ende des Makros.

Unterprogramm: Prüfung

Das Unterprogramm *Prüfung* stellt die Korrektheit der Schlüsseldaten vor Sortier- und Druckvorgang sicher.

Bewegen Sie den Cursor nach Feld G2:

$$=WERT.FESTLEGEN(Fehlerfeld;0)$$

Diese Anweisung stellt den Wert 0 in das Feld *Fehlerfeld*. Anschließend wird die Datei 5VERK.XLS aktiviert und es folgen die einzelnen Prüfungen: Jeder Schlüsselwert wird geprüft, ob er zwischen 0 und 100 liegt. Die Summenfelder werden geprüft, ob Sie genau den Wert 100 speichern. Im Fehlerfall wird eine Warnung angezeigt und der Wert 1 in *Fehlerfeld* eingestellt.

Makro: Verändern Parameter

Beginnen wir wieder mit einem Test des Makros: Rufen Sie es durch Drücken von STRG-p auf. Nach etwa drei Sekunden wird ein Dialogfenster mit den momentanen Schlüsseldaten geöffnet. Sie können jeden Wert überschreiben, wobei sicherzustellen ist, daß die Summe der Werte pro Zeile genau 100 ergeben muß. Drücken Sie die ESCAPE-Taste, um das Dialogfenster wieder zu schließen. Drücken Sie anschließend STRG-m, um zur Makrovorlage 5VERK.XLM zu gelangen. Hier bewegen Sie den Cursor nach Feld A62. Abbildung 5.15 zeigt das Makro.

Abbildung 5.15: Makro Verändern Parameter

	A
62	Verändern_Parameter
63	=MAKRO.AUSFÜHREN('5VERK.XLM'!Schlüsseldaten)
64	='5VERK2.XLM'!Init1()
65	=DIALOGFELD('5VERK.XLM'!D17:K39)
66	=WENN(A65=FALSCH;GEHEZU(A70))
67	='5VERK2.XLM'!Init2()
68	='5VERK2.XLM'!Sortieren(1)
69	=FORMEL(1;'5VERK.XLS'!sortier)
70	=MAKRO.AUSFÜHREN('5VERK.XLM'!Schlüsseldaten)
71	=RÜCKSPRUNG()

Dieses Makro besteht fast ausschließlich aus Aufrufen anderer Makros/Unterprogramme. In Feld A63 wird das Makro *Schlüsseldaten* aufgerufen, um den Sprung zu den Schlüsseldaten zu realisieren. In Feld A64 wird ein Unterprogramm aufgerufen, das noch nicht besprochen worden ist:

$$='5VERK2.XLM'!Init1()$$

Das Unterprogramm *Init1* hat die Aufgabe, vor dem Öffnen des Dialogfensters die aktuellen Werte des Eingabebildes für die Schlüsseldaten in die Ergebnisspalte der Dialogfelddefinition zu übertragen. Dadurch werden beim Öffnen des Dialogfensters die aktuellen Schlüsseldaten in die entsprechenden Dialogfelder eingestellt.

Der Aufruf des Dialogfensters erfolgt in Feld A65. Abbildung 5.16 zeigt die Dialogfelddefinition.

Das Dialogfenster enthält keine Dialogfeldtypen, die wir noch nicht besprochen haben. Da wir den Aufbau von Dialogfenstern ausführlich im vierten Kapitel behandelt haben, erübrigen sich an dieser Stelle nähere Erläuterungen.

In Feld A66 wird abgefragt, ob Sie die Schaltfläche **Abbrechen** gewählt haben. In einem solchen Fall erfolgt der Sprung an das Ende des Makros. In Feld A67 wird das Unterprogramm *Init2* aufgerufen:

$$='5VERK2.XLM'!Init2()$$

Das Unterprogramm *Init2* hat die Aufgabe, nach Bearbeiten des Dialogfensters die eingegebenen Daten von der Ergebnisspalte der Dialogfelddefinition in das Eingabebild für die Schlüsseldaten zu übertragen, also der umgekehrte Vorgang, der von *Init1* ausgeführt wird.

Abbildung 5.16: Dialogfelddefinition Verändern Parameter

	D	E	F	G	H	I	J
15	Elem.	x	y	Breite	Höhe	Text	Erg.
16							
17		0	0	420	220		
18	5	100	10	310		="-----> VERÄNDERN PARAM	
19	5	10	80	80		Verw.	
20	5	10	110	80		Prod.	
21	5	10	140	80		EDV	
22	5	100	40	90		Mitarbeiter	
23	5	200	40	40		Ind.	
24	5	250	40	50		Ums.	
25	5	310	40	100		Einzelk.	
26	8	100	80	40			50
27	8	200	80	40			0
28	8	250	80	40			50
29	8	310	80	40			0
30	8	100	110	40			25
31	8	200	110	40			0
32	8	250	110	40			25
33	8	310	110	40			50
34	8	100	140	40			25
35	8	200	140	40			25
36	8	250	140	40			25
37	8	310	140	40			25
38	1	10	180	70		okay	
39	2	95	180	90		abbrechen	

Nachdem Sie die Parameter geändert haben, ist die Sortierung des zweiten Arbeitsblattes mit großer Wahrscheinlichkeit hinfällig geworden. Aus diesem Grund erfolgt über den Aufruf des Unterprogramms *Sortieren* und der Übergabe des Argumentes 1 die Ausgangssortierung nach Filialen (Feld A68):

=’5VERK2.XLM’!Sortieren(1)

Das in Feld *Sortier* gespeicherte Sortierkriterium wird über die Anweisung in Feld A69 überschrieben:

=FORMEL(1;’5VERK.XLS’!sortier)

Am Ende des Makros erfolgt der Sprung zu den Schlüsseldaten.

Die Unterprogramme Init1 und Init2

Wechseln Sie zur Makrovorlage 5VERK2.XLM und bewegen Sie den Cursor nach Feld I1. Abbildung 5.17 zeigt das Unterprogramm *Init1*. Dieses Unterprogramm hat die Aufgabe, beim Aufruf des Dialogfensters "Verändern Parameter" die Eingabefelder mit den momentanen Schlüsseldaten zu initialisieren.

Abbildung 5.17: Das Unterprogramm Init1

	I
1	Init1
2	=FORMEL('5VERK.XLS'!AC9;'5VERK.XLM'!J26)
3	=FORMEL('5VERK.XLS'!AD9;'5VERK.XLM'!J27)
4	=FORMEL('5VERK.XLS'!AE9;'5VERK.XLM'!J28)
5	=FORMEL('5VERK.XLS'!AF9;'5VERK.XLM'!J29)
6	=FORMEL('5VERK.XLS'!AC13;'5VERK.XLM'!J30)
7	=FORMEL('5VERK.XLS'!AD13;'5VERK.XLM'!J31)
8	=FORMEL('5VERK.XLS'!AE13;'5VERK.XLM'!J32)
9	=FORMEL('5VERK.XLS'!AF13;'5VERK.XLM'!J33)
10	=FORMEL('5VERK.XLS'!AC17;'5VERK.XLM'!J34)
11	=FORMEL('5VERK.XLS'!AD17;'5VERK.XLM'!J35)
12	=FORMEL('5VERK.XLS'!AE17;'5VERK.XLM'!J36)
13	=FORMEL('5VERK.XLS'!AF17;'5VERK.XLM'!J37)
14	=RÜCKSPRUNG()

Abbildung 5.18 zeigt das Unterprogramm *Init2*. Dieses Unterprogramm überträgt nach Bearbeitung des Dialogfensters "Verändern Parameter" die eingegebenen Daten in das Arbeitsblatt.

Abbildung 5.18: Das Unterprogramm Init2

	K
1	Init2
2	=BERECHNEN(3)
3	=FORMEL('5VERK.XLM'!J26;'5VERK.XLS'!AC9)
4	=FORMEL('5VERK.XLM'!J27;'5VERK.XLS'!AD9)
5	=FORMEL('5VERK.XLM'!J28;'5VERK.XLS'!AE9)
6	=FORMEL('5VERK.XLM'!J29;'5VERK.XLS'!AF9)
7	=FORMEL('5VERK.XLM'!J30;'5VERK.XLS'!AC13)
8	=FORMEL('5VERK.XLM'!J31;'5VERK.XLS'!AD13)
9	=FORMEL('5VERK.XLM'!J32;'5VERK.XLS'!AE13)
10	=FORMEL('5VERK.XLM'!J33;'5VERK.XLS'!AF13)
11	=FORMEL('5VERK.XLM'!J34;'5VERK.XLS'!AC17)
12	=FORMEL('5VERK.XLM'!J35;'5VERK.XLS'!AD17)
13	=FORMEL('5VERK.XLM'!J36;'5VERK.XLS'!AE17)
14	=FORMEL('5VERK.XLM'!J37;'5VERK.XLS'!AF17)
15	=BERECHNEN(1)
16	=RÜCKSPRUNG()

Betrachten Sie die Anweisung in Feld K2 der Makrovorlage 5VERK2.XLM:

=BERECHNEN(3)

Diese Anweisung schaltet die automatische Neuberechnung der Tabelle aus. Die sich anschließenden **FORMEL**-Anweisungen hätten ansonsten jedesmal eine Neuberechnung der Tabelle veranlaßt. Die Makroausführung wäre dadurch erheblich verlangsamt worden. Die Anweisung in Feld K15 schaltet die automatische Neuberechnung wieder ein.

Warum haben wir die Neuberechnung nicht auch beim Unterprogramm *Init1* ausgeschaltet? Änderungen, die durch *Init1* verursacht werden, betreffen die Makrovorlage (es werden Daten von der Tabelle zur Makrovorlage übertragen). Die Neuberechnung der Makrovorlage ist nicht zeitintensiv. Umgekehrt betreffen Änderungen, die durch *Init2* verursacht werden, die Tabelle. Die Neuberechnung der Tabelle mit seinen relativ umfangreichen Formeln verzögert die Makroausführung merklich. Aus diesem Grund haben wir lediglich im Unterprogramm *Init2* die automatische Neuberechnung ausgeschaltet.

Drücken Sie STRG-m, um wieder zu den Makros zu gelangen. Bewegen Sie den Cursor anschließend nach Feld A74.

Makro: Drucken

Abbildung 5.19 zeigt das Druckmakro. Vor dem Druckvorgang erfolgen eine Prüfung der Schlüsseldaten sowie ein Sortiervorgang mit dem aktuellen Sortierkriterium.

Abbildung 5.19: Druckmakro

	A
74	Drucken
75	=ECHO(FALSCH)
76	='5VERK2.XLM'!Prüfung()
77	=WENN('5VERK2.XLM'!Fehlerfeld<>0;;GEHEZU(A80))
78	=WARNUNG("Fehler in den Schlüsseldaten - bitte vor Druckvorgang prüfen";3)
79	=GEHEZU(A85)
80	='5VERK2.XLM'!Sortieren('5VERK.XLS'!sortier)
81	=AUSWAHLEN("z101s2:z122s12")
82	=DRUCKBEREICH.FESTLEGEN()
83	Platz für Layout-Befehl
84	=DRUCKEN(1;;;1;FALSCH;WAHR;1)
85	=MAKRO.AUSFÜHREN('5VERK.XLM'!Auswahl)
86	=RÜCKSPRUNG()

Durch die Prüfung der Schlüsseldaten wird sichergestellt, daß das Arbeitsblatt nicht gedruckt wird, wenn die Schlüsseldaten einen Fehler enthalten. Der Sortiervorgang stellt sicher, daß in jedem Fall das Arbeitsblatt nach dem zuletzt eingegebenen Sortierkriterium geordnet wird.

Makro: Speichern

Abbildung 5.20 zeigt das Makro *Speichern*. Dieses Makro veranlaßt, daß die zu Kapitel 5 gehörenden Dateien gesichert werden.

Abbildung 5.20: Makro Speichern

	A	B
89	Speichern	
90	ECHO(FALSCH)	
91	=AKTIVIEREN("5daten.xls")	5DATEN.XLS
92	=SPEICHERN()	
93	=AKTIVIEREN("5verk2.xlm")	5VERK2.XLM
94	=SPEICHERN()	
95	=AKTIVIEREN("5verk.xlm")	5VERK.XLM
96	=SPEICHERN()	
97	=AKTIVIEREN("5verk.xls")	5VERK.XLS
98	=SPEICHERN()	
99	=MAKRO.AUSFÜHREN('5VERK.XLM'!Auswahl)	
100	=RÜCKSPRUNG()	

Nachdem wir sämtliche Makros/Unterprogramme besprochen haben, möchten wir zum Abschluß des Kapitels einen kleinen Exkurs machen, und auf die unterschiedlichen Makrotypen in Excel eingehen. Beenden Sie die Excel-Sitzung. Speichern Sie gegebenenfalls die noch nicht zurückgeschriebenen Änderungen.

FUNKTIONSMAKROS

Excel unterscheidet zwischen drei Makrotypen:

> **Befehlsmakros,**

> **Unterprogramm-Makros** und

> **Funktionsmakros.**

In den ersten Kapiteln haben wir ausschließlich mit "normalen" Befehlsmakros gearbeitet. In diesem Kapitel wurde der Einsatz von Unterprogramm-Makros besprochen. Excel verfügt darüber hinaus über einen dritten Typ, der als *Funktionsmakro* bezeichnet wird.

Der Begriff *Funktionsmakro* wurde vom mathematischen Begriff der *Funktion* abgeleitet: Eine Funktion verwendet einen oder mehrere Werte zur Berechnung eines speziellen Ergebniswertes. Excel verfügt über zahlreiche Tabellenfunktionen, die ähnlich arbeiten, z.B. verwendet die Tabellenfunktion

WURZEL(Zahl)

die an die Funktion übergebene **Zahl**, um die Quadratwurzel der Zahl zu ermitteln. Die Funktion

REST(Zahl;Divisor)

liefert bei einer Division den **Rest**, nachdem **Zahl** durch **Divisor** dividiert worden ist.

Excel bietet über Funktionsmakros die Möglichkeit, eigene "Funktionen" zu definieren. Für die Erstellung von Funktionsmakros benötigen Sie folgende Anweisungen:

o   Die Funktion **ERGEBNIS**, die den Datentyp für das Ergebnis des Funktionsmakros festlegt.

o   Die Funktion **ARGUMENT**; für jedes Argument, das an das Funktionsmakro übergeben wird, wird eine **ARGUMENT**-Funktion benötigt.

o   Die Formeln und Anweisungen, die die Berechnungen zur Ermittlung des Ergebniswertes ausführen.

o   Die Funktion **RÜCKSPRUNG**.

Mögliche Argument- und Ergebnistypen sind:

Typ	Ergebnis	Typ	Ergebnis
1	Zahl	8	Bezug
2	Text	16	Fehlerwert
4	Wahrheitswert	64	Matrix

Sie können die einzelnen Zahlenwerte auch addieren. Beispielsweise gibt die Zahl 6 an, daß der Ergebniswert entweder ein Text (2) oder ein Wahrheitswert (4) sein kann. Die Zahl 17 spezifiziert, daß der Wert entweder eine Zahl (1) oder ein Fehlerwert (16) sein kann.

Der Standardwert ist 7; dies bedeutet, daß ein Wert entweder eine Zahl (1), ein Text (2) oder ein Wahrheitswert (4) sein kann.

Die Makrofunktion

ERGEBNIS(Typzahl)

legt den Datentyp für den Ausgabewert eines Funktionsmakros gemäß obiger Tabelle fest. Wenn Sie auf die Verwendung dieser Funktion verzichten, nimmt Excel den Standardwert 7 an. Der Aufruf von Funktionsmakros erfolgt genauso wie bei "normalen" Funktionen mit dem einen Unterschied, daß Sie den Aufruf um einen Verweis auf die entsprechende Makrovorlage ergänzen müssen. Das beste wird wieder sein, die theoretischen Erklärungen durch ein praktisches Beispiel zu veranschaulichen.

Starten Sie Excel und laden Sie die Makrovorlage 5FUNKT.XLM. Abbildung 5.21 zeigt das Funktionsmakro *Gemeinkosten*. Die Anweisung in Feld A2 spezifiziert, daß der an das aufrufende Programm übergebene Wert eine Zahl sein muß:

=ERGEBNIS(1)

Das Funktionsmakro arbeitet mit insgesamt 13 Argumenten, die in den Feldern von A3 bis A15 definiert werden. Wir haben die Formel zur Ermittlung der anteiligen Gemeinkosten in das Funktionsmakro übertragen. Um die Gemeinkosten zu ermitteln, benötigt das Funktionsmakro insgesamt 13 Werte: Den zu schlüsselnden *Betrag* und anschließend für jedes Kriterium (Mitarbeiter, Index, Umsatz, Einzelkosten) den *Schlüsselwert* (z.B. 50%), die jeweilige *Anzahl* (z.B. 12 Mitarbeiter in Filiale 1) sowie die *Summe* des Kriteriums (z.B. Summe Mitarbeiter = 230).

Abbildung 5.21: Funktionsmakro Gemeinkosten

	A
1	Gemeinkosten
2	=ERGEBNIS(1)
3	=ARGUMENT("Betrag")
4	=ARGUMENT("Schlüssel_Mitarbeiter")
5	=ARGUMENT("Anzahl_Mitarbeiter")
6	=ARGUMENT("Summe_Mitarbeiter")
7	=ARGUMENT("Schlüssel_Index")
8	=ARGUMENT("Anzahl_Index")
9	=ARGUMENT("Summe_Index")
10	=ARGUMENT("Schlüssel_Umsatz")
11	=ARGUMENT("Anzahl_Umsatz")
12	=ARGUMENT("Summe_Umsatz")
13	=ARGUMENT("Schlüssel_Einzelkosten")
14	=ARGUMENT("Anzahl_Einzelkosten")
15	=ARGUMENT("Summe_Einzelkosten")
16	=Betrag*(Schlüssel_Mitarbeiter/100)*(Anzahl_Mitarbeiter/Summe_Mitarbeiter)
17	=Betrag*(Schlüssel_Index/100)*(Anzahl_Index/Summe_Index)
18	=Betrag*(Schlüssel_Umsatz/100)*(Anzahl_Umsatz/Summe_Umsatz)
19	=Betrag*(Schlüssel_Einzelkosten/100)*(Anzahl_Einzelkosten/Summe_Einzelkosten)
20	=SUMME(A16:A19)
21	=RÜCKSPRUNG(A20)

In Feld A16 wird der Gemeinkostenanteil aufgrund der Mitarbeiterzahl errechnet, in Feld A17 aufgrund des Index, usw. Die Summe wird in Feld A20 ermittelt. Betrachten Sie die Anweisung in Feld A21:

=RÜCKSPRUNG(A20)

Die Makrofunktion **RÜCKSPRUNG** legt das Feld fest, dessen Wert an das aufrufende Programm zurückgegeben wird. Durch das Argument A20 wird spezifiziert, daß der in Feld A20 gespeicherte Wert an die Tabelle zurückgegeben wird.

Laden Sie die Tabelle 5FUNKT.XLS und bewegen Sie den Cursor nach Feld E26. Dieses Feld enthält den Aufruf des Funktionsmakros für die Verwaltungsgemeinkosten der Filiale 1:

='5FUNKT.XLM'!Gemeinkosten(Verwaltung;
$P$9 ; E8 ; S_Anzahl ;
$Q$9 ; F8 ; S_Index ;
$R$9 ; G8 ; S_Umsatz ;
$S$9 ; H8 ; S_Einzel)

Es wird das Funktionsmakro *Gemeinkosten* aufgerufen und insgesamt 13 Argumente übergeben:

```
(1) Verwaltung  (2) $P$9    (3) E8    (4) S_Anzahl    <---- Mitarbeiter
                (5) $Q$9    (6) F8    (7) S_Index     <---- Index
                (8) $R$9    (9) G8   (10) S_Umsatz    <---- Umsatz
               (11) $S$9   (12) H8   (13) S_Einzel    <---- Einzelkosten
```

Mit den gleichen Werten wurden auch in 5VERK.XLS die entsprechenden Werte berechnet. Während jedoch in 5VERK.XLS die Werte über eine **Formel** ermittelt wurden, werden diese in 5FUNKT.XLS über ein **Funktionsmakro** ermittelt. Sie sollten selbst entscheiden, welche dieser Vorgehensweisen Ihnen besser gefällt.

Bei der Verwendung von Funktionsmakros sollten Sie darauf achten, zunächst die Makrovorlage zu laden und anschließend die Tabelle. Wenn Sie zunächst die Tabelle laden, entsteht eine Fehlersituation, da über den Aufruf des Funktionsmakros auf eine Datei verwiesen wird, die Sie noch nicht geladen haben. Der Fehler verschwindet allerdings, sobald Sie die Makrovorlage geladen haben.

ZUSAMMENFASSUNG

Excel unterscheidet zwischen drei Makrotypen: Befehls-, Unterprogramm- und Funktionsmakros. In diesem Kapitel haben wir uns mit der Verwendung von Makros als Unterprogramme beschäftigt. Sie haben erfahren, wie Sie Unterprogramme einsetzen können, um die Übersichtlichkeit der Makros zu erhöhen und den Schreibaufwand zu reduzieren.

Der Erfolg des Unterprogrammeinsatzes hängt davon ab, ob Sie auf eine genaue Abgrenzung zwischen den Aufgaben des Haupt- und Unterprogramms geachtet haben.

Im letzten Abschnitt wurde an einem Beispiel der Einsatz von Funktionsmakros illustriert. Mit Hilfe von Funktionsmakros können Sie die Palette der Excel-Standardfunktionen um spezifische, auf die Anwendung zugeschnittene Funktionen ergänzen.

ÜBUNG

Laden Sie die Datei 5UEBUNG.XLS.

Vor Ihnen auf dem Bildschirm erscheinen die Grunddaten für den Vertriebsbereich. Schreiben Sie ein Unterprogramm, das vor Zurückschreiben der Datei sämtliche Werte einer Plausibilitätsprüfung unterzieht. Gesichert werden soll nur, wenn das Prüf-Unterprogramm keinen Fehler entdecken konnte. Das Hauptprogramm hat die Aufgabe, das Unterprogramm aufzurufen. Im Fehlerfall soll ein entsprechender Hinweis angezeigt und die Makroausführung gestoppt werden. Für den Fall, daß das Unterprogramm keinen Fehler entdecken konnte, soll die Datei 5UEBUNG.XLS gesichert werden.

Speichern Sie Haupt- und Unterprogramm in der Makrovorlage 5UEBUNG.XLM.

Nutzen Sie bei der Prüfung die Makrofunktionen

> **MIN(Zahl1;Zahl2;...)** *und*
>
> **MAX(Zahl1;Zahl2;...).**

Das Excel-Handbuch gibt Hinweise für die Verwendung beider Funktionen. Am unteren Bildschirmrand sehen Sie je ein Beispiel für die Verwendung der beiden Tabellenfunktionen **MIN** und **MAX**. Geprüft werden sollen folgende Werte:

o Mitarbeiter: 5 - 50;
o Index: 1 - 2;
o Umsatz: 500 - 5.000;
o Einzelkosten: 100 - 3.000.

Wenn Sie das Unterprogramm erstellt haben, testen Sie, ob es die beabsichtigte
Aufgabe auch erfüllt. Fügen Sie dazu einige ungültige Werte in die Tabelle ein,
z.B. den Wert 3 als Strukturindex für eine Filiale Ihrer Wahl.

6 GRAFIKEN

Zur besseren Illustration der Auswirkungen von Schlüsselparameteränderungen hat der Vertriebsleiter beschlossen, bei Präsentationen der Ergebnisse die grafischen Möglichkeiten von Excel zu nutzen.

Er hat die einzelnen Filialleiter um Vorschläge für eine "optimale Dimensionierung" der Schlüsselparameter gebeten. Es sollen die Deckungsbeiträge der Standardgewichtung und der von den Filialleitern vorgeschlagenen Gewichtungen gegenübergestellt werden.

ZIELE DES KAPITELS

Die Anwendung dieses Kapitels ist mit der in Kapitel 5 besprochenen Anwendung weitgehend identisch: Zusätzlich zu den Ihnen bereits bekannten Komponenten enthält die Tabelle die von den Filialleitern gemachten Vorschläge für die Verteilung der Schlüsselparameter.

Sie werden in diesem Kapitel erfahren, wie man in Excel einfache Grafiken erstellen und deren Aufbereitung und Präsentation durch Makros vereinfachen kann.

DAS ARBEITSBLATT

Die Anwendung dieses Kapitels unterscheidet sich durch folgende Punkte von der Anwendung in Kapitel 5:

o Eine Übernahme von "Grunddaten" wie in Kapitel 5 ist nicht vorgesehen.

o Das Auswahlbild wurde den Anforderungen dieses Kapitels angepaßt.

o Eine Sortierung der Tabelle ist nicht vorgesehen, so daß auf das zweite Arbeitsblatt, das die Filialen sortiert wiedergibt, verzichtet werden kann.

o Unterhalb des Eingabebildes für die Schlüsseldaten befinden sich die von den Filialleitern vorgeschlagenen Parameter.

o Das Arbeitsblatt ist in der Datei 6GRAFIK.XLS gespeichert.

o Die Makros sind in der Datei 6GRA.XLM gespeichert.

o Das Diagramm ist in der Datei 6GRA.XLC gespeichert.

Laden Sie die Datei 6GRAFIK.XLS. Sie sehen das Auswahlbild (s. Abbildung
6.1). Wir haben eine Reihe von Sprungmakros vorbereitet, mit denen Sie zu den
einzelnen Komponenten springen können. Rufen Sie jedes Sprungmakro einmal
auf, um einen Überblick über die einzelnen Komponenten zu erhalten (durch
STRG-w können Sie immer wieder zum Auswahlbild zurückspringen).

Testen Sie anschließend das Makro "Auswahldialog", indem Sie Strg-d drücken.
Es wird ein Dialogfenster geöffnet, aus dem Sie eine der vorgeschlagenen Schlüs-
selungen auswählen können. Wählen Sie beispielsweise Filiale 10 aus und
drücken Sie die RETURN-Taste.

Die Schlüsseldaten von Filiale 10 werden in das für die Berechnung der Gemeinkosten verwendete Blatt übertragen und unser Arbeitsblatt enthält den Überblick
über die Filialen gemäß der von Filiale 10 vorgeschlagenen Gewichtung der
Schlüsselparameter.

Abbildung 6.1: Auswahlbild

	R	S	T	U	V
1	:	--			:
2	:	BEISPIEL AG :	Vertriebsbereich		:
3	:	Hauptmenü :	Überblick Filialen		:
4	:	--			:
5	:	Tastendruck Makro			:
6	:	--			:
7	:	Strg-t	Betrachten Tabelle		:
8	:	Strg-m	Betrachten Makros		:
9	:	Strg-g	Betrachten Grafik		:
10	:	Strg-p	Betrachten Parameter		:
11	:				:
12	:	Strg-d	Auswahldialog		:
13	:				:
14	:	--			:
15	:	Strg-w	Zurück zur Auswahl		:
16	:	--			:

Drücken Sie anschließend STRG-g, um sich die Gegenüberstellung der Deckungsbeiträge anzusehen. Betrachten Sie die Auswirkung bei Filiale 10: Während Filiale 10 bei der Standardgewichtung ein relativ schlechtes Ergebnis ausweist (erste Datenreihe), schneidet Filiale 10 bei Verwendung der eigenen Schlüsselparameter am besten ab (zweite Datenreihe).

Drücken Sie STRG-w, um wieder zum Auswahlbild zu gelangen. Bevor wir mit der Beschreibung der Makros beginnen, wollen wir zunächst eine Einführung in das Erstellen von Grafiken geben.

Erstellen von Grafiken - Eine Einführung

Nehmen wir an, wir müßten aus Daten der Tabelle 6GRAFIK.XLS eine vollständig neue Grafik erstellen. Welche Schritte sind dazu erforderlich? Das Erstellen von Grafiken erfolgt in mehreren Schritten, die wir im folgenden anhand eines Beispiels beschreiben werden.

Schritt 1: Definieren eines neuen Diagramms

Zunächst muß mit Hilfe der Befehlsfolge **Datei - Neu** ein neues Diagramm definiert werden.

Geben Sie ein: *Befehl:*

ALT-D   *Datei*
N   *Neu*
D   *Diagramm*
RETURN-Taste   *Bestätigen des Befehls*

Sie haben ein Diagramm mit dem Namen **Diagrm1** definiert. Diesem Diagramm geben wir jetzt einen "richtigen" Namen.

Geben Sie ein: *Befehl*

ALT-D   *Datei*
U   *Speichern unter*
6test   *Namen des Diagramms eingeben*
RETURN-Taste   *Bestätigen des Befehls*

Nun haben wir ein Diagramm mit dem Namen 6TEST.XLC definiert. Diagramme haben in Excel immer die Dateinamenerweiterung XLC.

Schritt 2: Festlegen der Datenreihen

Ziel jedes Diagramms ist die optische Aufbereitung bestimmter Zahlenwerte. Im zweiten Schritt werden wir festlegen, welche Zahlenwerte grafisch dargestellt werden sollen.

Wir wollen zunächst die Anzahl Mitarbeiter der einzelnen Filialen in Form eines Kreisdiagramms darstellen. Wechseln Sie mit Hilfe des Befehls **Fenster** zur Tabelle 6GRAFIK.XLS und bewegen Sie den Cursor nach Feld E8 (dieses Feld speichert momentan den Wert 12).

Markieren Sie anschließend mit Hilfe der Maus oder der Pfeiltasten den Bereich von E8 bis E19 und wählen Sie die Befehlsfolge **Bearbeiten - Kopieren**.

Der Bereich von E8 bis E19 ist damit in den Excel-Zwischenspeicher gestellt worden. Wechseln Sie nun mit Hilfe des Befehls **Fenster** zum Diagramm 6TEST.XLC und wählen Sie die Befehlsfolge **Bearbeiten - Einfügen**.

Sie sehen als Ergebnis ein aus zwölf Säulen bestehendes Säulendiagramm.

Drücken Sie einige Male die Pfeiltasten, beginnend mit *Pfeiltaste oben*. Am oberen linken Bildschirmrand zeigt Excel den Teil der Grafik, den Sie momentan bearbeiten können, z.B. *Diagramm*. Wenn Sie noch einige Male die Pfeiltaste betätigen, werden auch andere Teile angezeigt, z.B. *Diagrammfl.*, *Achse 1*, oder *R1*. Hier ist die erste Datenreihe gemeint. Wenn mit *R1* die erste Datenreihe aktiviert ist, beziehen sich sämtliche Diagrammbefehle auf die vollständige Reihe. Wenn *R1* aktiviert ist, können Sie durch Drücken von *Pfeiltaste rechts* einzelne Datenpunkte auswählen, z.B. *R1P1*. Mit *R1P1* ist die erste Position der ersten Datenreihe gemeint.

Als nächstes wollen wir aus dem Säulendiagramm ein Kreisdiagramm machen.

Schritt 3: Auswählen der Grafikart

Hier wird festgelegt, wie die Datenreihen angezeigt werden sollen. Wählen Sie den Befehl **Muster**. Excel öffnet ein Dialogfenster mit den möglichen Optionen, z.B. **Flächen**, **Balken**, **Säulen**. Wählen Sie **Kreis** aus.

Excel zeigt daraufhin ein zweites Dialogfenster mit den möglichen Arten von Kreisdiagrammen. Wählen Sie hier die sechste Option, damit wir uns auch die Prozentzahlen ansehen können, und drücken Sie die RETURN-Taste. Die ausgewählten Zahlenwerte werden fortan in Form eines Kreisdiagramms angezeigt.

Fazit: In den bisher beschriebenen Schritten 1 bis 3 haben wir ein neues Diagramm definiert, die Zahlenwerte ausgewählt und die Art des Diagramms festgelegt. Im letzten Schritt muß die Grafik weiter aufbereitet werden, um sie unseren Vorstellungen besser anzupassen.

<u>Schritt 4: Aufbereitung der Grafik</u>

Excel bietet Möglichkeiten, die Grafik individuellen Vorstellungen anzupassen. Die Nutzung dieser Möglichkeiten gehört zum vierten Teil der Grafikerstellung. Wählen Sie die Befehlsfolge **Diagramm - Text zuordnen**. Excel öffnet daraufhin ein Dialogfenster. Wählen Sie hier die Option **Diagrammtitel** und drücken Sie die RETURN-Taste.

Excel stellt das Wort "Titel" zentriert auf den Bildschirm. Dieses Wort können Sie überschreiben. Geben Sie ein: "Verteilung der Anzahl Mitarbeiter". Nachdem Sie die RETURN-Taste gedrückt haben, zeigt Excel die Grafik mit der soeben eingegebenen Überschrift an.

Es gibt eine Reihe weiterer Befehle, mit dessen Hilfe Sie das Aussehen einer Grafik verändern können, z.B. um Farben, Linientypen oder Schraffuren zu ändern. Wählen Sie beispielsweise die Befehlsfolge **Format - Muster**. Hier können Sie für das zuletzt markierte Grafikelement über die Option **Benutzerdefiniert** einen Rahmen festlegen. Wenn Sie beispielsweise zuletzt den Text hervorgehoben haben, erhält der Text einen Rahmen.

Wählen Sie anschließend die Befehlsfolge **Muster - 3D-Kreis** und die Option 6. Mit dieser Befehlsfolge legen Sie ein Kreisdiagramm in 3D-Form fest.

Im nächsten Abschnitt beschreiben wir die Datenreihenformel, mit deren Hilfe in Excel Datenreihen definiert werden können. Sie sollten jedoch vorher vielleicht einmal das Diagramm 6TEST.XLC mit Hilfe der Befehlsfolge **Datei - Speichern** abspeichern.

Datenreihenformel

Eine Datenreihenformel besteht aus den Informationen, die Excel zur Darstellung von Zahlenwerten benötigt. Die Formel enthält Bezüge auf Tabellenfelder, die Größen- und Rubrikennamen liefern, sowie Angaben über die Reihenfolge der Datenreihen. Die Formel hat folgenden Aufbau:

=DATENREIHE(Name, Rubriken, Größen, Position)

Das erste Argument legt den Namen der Datenreihe fest, das zweite Argument den Tabellenbereich, der die Rubrikennamen speichert, das dritte Argument speichert den Tabellenbereich mit den Größenangaben und das vierte Argument gibt die Position der Datenreihen innerhalb des Diagramms an (eine ganze Zahl, beginnend bei 1, 2, 3, ...). Datenreihenformeln können Sie entweder über Tastatur eingeben, oder - wie wir es eben gemacht haben - in das Diagramm kopieren.

Drücken Sie STRG-g, um in das Diagramm 6GRA.XLC zu gelangen. Drücken Sie einige Male *Pfeiltaste oben*, bis Excel am oberen linken Bildschirmrand *R1* anzeigt. Rechts daneben sehen Sie die Datenreihenformel:

```
=DATENREIHE("Standardgewichtung"; ;
 '6GRAFIK.XLS'!$K$23:$K$34;1)
```

Der Name der Datenreihe lautet "Standardgewichtung"; dieser wird in der Legende übernommen. Auf die Angabe von Rubrikennamen (X-Achse) wurde verzichtet. Der Datenbereich, der dargestellt wird, ist im Bereich von K23 bis K34 der Tabelle 6GRAFIK.XLS gespeichert. Der Wert 1 am Ende der Formel spezifiziert, daß die Datenreihe *Standardgewichtung* die erste im Diagramm ist.

Nachdem wir die grundsätzlichen Schritte bei der Erstellung von Grafiken erläutert und anschließend die Datenreihenformel beschrieben haben, können wir uns nun den Makros zuwenden.

DIE MAKROS

Drücken Sie STRG-m, um zu den Makros zu gelangen. Abbildung 6.2 zeigt die zum Makro *Dialog* gehörende Dialogfelddefinition. Bewegen Sie den Cursor nach Feld H6: Dieses Feld speichert die von Ihnen ausgewählte Option. Da Ihnen der Aufbau von Dialogfelddefinitionen bereits aus vorangegangenen Kapiteln bekannt sein dürfte, erübrigen sich an dieser Stelle weitere Erklärungen.

Abbildung 6.2: Dialogfelddefinition

	B	C	y	Breite	Höhe	G	H
1	Elem.	x	y	Breite	Höhe	Text	Erg.
2							
3		0	0	300	280		
4	5	20	10			AUSWAHL	
5	14	20	30	160	230	&Schlüsselung	
6	11	20	30	160	230		6
7	12	25	46	110	14	Filiale 1	
8	12	25	62	110	14	Filiale 2	
9	12	25	78	110	14	Filiale 3	
10	12	25	94	110	14	Filiale 4	
11	12	25	110	110	14	Filiale 5	
12	12	25	126	110	14	Filiale 6	
13	12	25	142	110	14	Filiale 7	
14	12	25	158	110	14	Filiale 8	
15	12	25	174	110	14	Filiale 9	
16	12	25	190	110	14	Filiale 10	
17	12	25	206	110	14	Filiale 11	
18	12	25	222	110	14	Filiale 12	
19	12	25	238	110	14	Standard	
20	3	190	110	80	18	OK	
21	2	190	150	80	18	Abbruch	

Abbildung 6.3 zeigt das Makro, das die Dialogfelddefinition nutzt. Betrachten Sie die Anweisung in Feld J5:

$$='6GRA.XLM'!Filialen\_Auswahl()$$

Diese Anweisung ruft das Unterprogramm zur Filialenauswahl auf. Das Unterprogramm hat die Aufgabe, die Schlüsseldaten der ausgewählten Filiale in das Blatt zu kopieren, das zur Berechnung der Gemeinkosten herangezogen wird.

Abbildung 6.3: Makro: Dialog

	J	K
1	Dialog	STRG-d
2	=AKTIVIEREN("6grafik.xls")	
3	=DIALOGFELD(B3:H21)	
4	=WENN(J3=FALSCH;GEHEZU(J7))	
5	='6GRA.XLM'!Filialen_Auswahl()	
6	=FORMEL('6GRA.XLM'!H6;'6GRAFIK.XLS'!H2)	
7	=AKTIVIEREN("6grafik.xls")	
8	=AUSWÄHLEN("z1s1")	
9	=RÜCKSPRUNG()	

Die Befehle des Unterprogramms zur Filialenauswahl, das in Feld L1 beginnt, dürften Ihnen ebenfalls bereits bekannt sein. Auch hier bedarf es keiner zusätzlichen Erklärung. Gleiches gilt für die Sprungmakros. Kommen wir damit zum Makro *Grafik*.

Makro: Grafik

Abbildung 6.4 zeigt das Makro *Grafik*. Obgleich das Makro nur aus wenigen Anweisungen besteht, können wir es dennoch dazu verwenden, die Arbeitsweise der Makrofunktionen, die für das Arbeiten mit Grafiken benötigt werden, zu erläutern.

Die Anweisung in Feld J53 aktiviert das Diagramm 6GRA.XLC. Kommen wir zur Anweisung in Feld J54: Die Makrofunktion

TEXT.ZUORDNEN(Zahl;Datenreihe,Datenpunkt)

entspricht der Befehlsfolge **Diagramm - Text zuordnen**. Das Argument **Zahl** gibt an, welchem Element der Text zugeordnet werden soll, z.B. 1 für die Diagrammüberschrift, 2 für die Größenachse, 3 für die Rubrikenachse, 4 für eine Datenreihe oder einen Datenpunkt usw. **Datenreihe** und **Datenpunkt** werden benötigt, wenn Sie für den Parameter **Zahl** den Wert 4 angegeben haben.

Abbildung 6.4: Makro Grafik

	J	K
52	Grafik	STRG-g
53	=AKTIVIEREN("6gra.xlc")	
54	=TEXT.ZUORDNEN(1)	
55	=FORMEL('6GRAFIK.XLS'!C24)	
56	=AUSWÄHLEN("Diagramm")	
57	=RÜCKSPRUNG()	

Die Anweisung

=TEXT.ZUORDNEN(1)

bewirkt demnach, daß wir die Diagrammüberschrift bearbeiten wollen. Warum ist dies erforderlich? Die Überschrift soll Auskunft darüber geben, welche Schlüsselparameter (d.h. von welcher Filiale) momentan verwendet werden. Betrachten Sie die Anweisung in Feld J55:

=FORMEL('6GRAFIK.XLS'!C24)

Die Diagrammüberschrift erhält den in Feld C24 der Tabelle 6GRAFIK.XLS gespeicherten Wert. Wechseln Sie durch Drücken von STRG-t zur Tabelle und bewegen Sie den Cursor nach Feld C24:

Feld C24 speichert folgende Formel:

="Gegenüberstellung DB2 - Standard vs. Filiale "&H2

Mit Hilfe des Verbindungsoperators & wird der Text "Gegenüberstellung DB2 - Standard vs. Filiale " mit dem Inhalt des in Feld H2 gespeicherten Wertes verbunden. Feld H2 speichert die Filialennummer, die Sie zuvor über das Makro *Dialog* ausgewählt haben.

Noch einmal: Die Diagrammüberschrift erhält über die Makrofunktion **FORMEL** den in Feld C24 gespeicherten Inhalt.

Drücken Sie STRG-m, um wieder zur Makrovorlage zu gelangen. Bewegen Sie den Cursor nach Feld J56.

=AUSWÄHLEN("Diagramm")

Sie haben bei der Erstellung der im Diagramm 6TEST.XLC gespeicherten Grafik mit Hilfe der Pfeiltasten bestimmte Teile der Grafik ausgewählt, z.B. Diagramm, Achsen, Datenreihen, Diagrammflächen. In einem Makro können Sie die einzelnen Teile mit Hilfe der Makrofunktion **AUSWÄHLEN** zur weiteren Bearbeitung auswählen.

Sie können beispielsweise durch

$$=AUSWÄHLEN("Achse 1")$$

die Größenachse des Hauptdiagramms auswählen, durch

$$=AUSWÄHLEN("Legende")$$

wählen Sie die Legende aus. Den zu Position m in Reihe n gehörenden Wert wählen Sie durch

$$=AUSWÄHLEN("RnPm")$$

aus. Das Handbuch gibt einen vollständigen Überblick darüber, welche Grafikteile über die Makrofunktion **AUSWÄHLEN** ausgewählt werden können.

Drücken Sie einmal STRG-g, um sich die Grafik anzeigen zu lassen. Am linken oberen Bildschirmrand sehen Sie den Hinweis Diagramm, der besagt, daß zuvor der Grafikteil *Diagramm* ausgewählt worden ist. Eine Reihe von Befehlen, die Sie jetzt eingeben, beziehen sich auf das vollständige Diagramm und nicht auf spezielle Grafikteile. Dazu ein Beispiel:

Sie haben immer noch den Grafikteil *Diagramm* ausgewählt. Öffnen Sie das Menü **Format**: Sie erkennen, daß ein Teil der zum Menü **Format** gehörenden Befehle nicht aktiviert ist, z.B. der Befehl **Legende**. Drücken Sie die ESCAPE-Taste, um das Dialogfenster wieder zu schließen.

Wählen Sie nun mit Hilfe der Pfeiltasten die Legende aus, d.h. drücken Sie so oft *Pfeiltaste oben*, bis die Legende optisch hervorgehoben wird. Öffnen Sie erneut das Menü **Format**: Sie erkennen, daß Sie jetzt den Befehl **Legende** aufrufen können.

Wählen Sie den Befehl **Legende** einmal aus: Excel öffnet ein Dialogfenster, mit dessen Hilfe Sie bestimmen können, wo die Legende plaziert werden soll, z.B. "Unten" oder "Ecke".

Die Makrofunktionen, die Sie für das Arbeiten mit der Legende verwenden können, lautet:

$$=FORMAT.LEGENDE(Position)$$

Für **Position** können Sie einen Wert zwischen 1 und 5 festlegen, entsprechend den Optionen nach Eingabe der Befehlsfolge **Format - Legende**. Wenn Sie beispielsweise für Position den Wert 1 festlegen, wird die Legende "Unten" plaziert.

Es gibt einige weitere Makrofunktionen, die Sie bei Grafiken nutzen können. Die Makrofunktion

MUSTER

entspricht der Befehlsfolge **Format - Muster**. Sie hat je nach dem von Ihnen gewählten Grafikteil acht Formen. Sie können mit dieser Makrofunktion beispielsweise Schraffuren, Farben, Linientypen festlegen.

Die Makrofunktionen

MUSTER.BALKEN(Typ;Überlagerung_Löschen)

MUSTER.SÄULEN(Typ;Überlagerung_Löschen)

MUSTER.FLÄCHEN(Typ;Überlagerung_Löschen)

MUSTER.KREIS(Typ;Überlagerung_Löschen)

MUSTER.LINIEN(Typ;Überlagerung_Löschen)

und

MUSTER.PUNKT(Typ;Überlagerung_Löschen)

entsprechen den Befehlsfolgen **Muster - Balken, Muster - Säulen** usw. Sie können damit die gewünschte Grafikart einstellen. **Zahl** gibt die Nummer des entsprechenden Diagrammformats im jeweiligen Menü an. Wir haben beispielsweise bei der Erstellung des Kreisdiagramms die sechste Option gewählt, damit auch die Prozentzahlen angezeigt werden.

Der entsprechende Makrobefehl würde lauten:

=MUSTER.KREIS(6)

Überlagerung_Löschen ist ein Wahrheitswert. Ist dieser *wahr*, so löscht die Funktion existierende Überlagerungen und wendet das neue Format auf das Hauptdiagramm an.

Wenn Sie eine 3D-Grafik über Makros definieren wollen, können Sie die Funktionen

MUSTER.3D.Kreis(Typ)

MUSTER.3D.LINIEN(Typ)

MUSTER.3D.SÄULEN(Typ)

MUSTER.3D.BALKEN(Typ)

verwenden.

Erstellen von Grafiken über Makros?

Eine wichtige Frage soll an dieser Stelle erörtert werden: Sollen Makros zur Erstellung von Grafiken herangezogen werden?

Für die meisten Anwendungsfälle ist zu empfehlen, den Grundaufbau einer Grafik **nicht** mit Hilfe von Makros zu erstellen. Es ist einfacher, hier "normale" Befehlsfolgen zu nutzen, da die Auswirkungen einer Befehlseingabe sofort eingesehen werden kann.

Wenn der Grundaufbau realisiert ist, kann der Makroeinsatz auf die Anpassung an spezielle Sachverhalte beschränkt werden, z.B. wenn die Diagrammüberschrift je nach Benutzereingabe variiert werden soll.

Bei der folgenden Übungsaufgabe haben wir Ihnen den Grundaufbau einer Grafik vorgegeben. Es sollen - wahlweise - die Anzahl Mitglieder, der Umsatz oder die Einzelkosten in einem Liniendiagramm dargestellt werden.

ZUSAMMENFASSUNG

Sie haben in diesem Kapitel eine Einführung in das Erstellen einfacher Grafiken erhalten. Sie haben erfahren, daß die Grafikerstellung in mehreren Schritten erfolgt:

o Definieren eines neuen Diagramms,
o Auswahl der darzustellenden Zahlenwerte,
o Auswahl der Grafikart und
o Modifikation der Grafikdarstellung.

Während die ersten drei Schritte nur wenige Befehle umfaßt, sind Ihrer Kreativität bei der Modifikation der Grafikdarstellung kaum Grenzen gesetzt. Sie können Farben, Schraffuren, Linientypen, Achsenbezeichnungen und vieles mehr modifizieren. Wenn Sie beabsichtigen, Excel verstärkt für die Erstellung Ihrer Grafiken zu nutzen, sollten Sie sich vielleicht einmal 2 oder 3 Stunden Zeit nehmen, um sämtliche Befehle einmal anhand von Beispielen auszuprobieren.

Makros lassen sich bei der Grafikerstellung nur bedingt einsetzen. Sie sollten daher deren Einsatz auf die Präsentation und die Durchführung kleinerer Modifikationen beschränken.

ÜBUNG

Laden Sie die Datei 6UEBUNG.XLC. Die Grafik zeigt ein Liniendiagramm, das die Einzelkosten der zwölf Filialen wiedergibt.

Ihre Aufgabe besteht darin, ein Makro zu schreiben, das zunächst eine Auswahl, **was** dargestellt werden soll, ermöglicht und anschließend die Grafikdarstellung an diese Auswahl anpaßt.

Machen Sie es sich einfach, indem Sie auf den Einsatz eines Dialogfensters verzichten. Es genügt die Makrofunktion **EINGABE**, mit deren Hilfe Sie einen der drei Werte 1 (Anzahl Mitarbeiter), 2 (Umsatz) oder 3 (Einzelkosten) einlesen können. Der Fall, daß ein anderer Wert eingegeben wird, soll über eine Plausibilitätsprüfung abgefangen werden.

Die Makrofunktion

DATENBREIHE.BEARBEITEN(Zahl;Name;X;Y;Z;Folge)

entspricht der Befehlsfolge **Diagramm - Datenreihen bearbeiten**. Mit dieser Funktion können Sie eine Grafik um eine Datenreihe ergänzen oder eine bestehende Datenreihe ändern. **Zahl** gibt die Datenreihe, die Sie verändern wollen. Ist **Zahl** 0 oder nicht angegeben, wird eine neue Datenreihenformel erstellt.

Name ist der Name der Datenreihenformel. **X** ist ein externer Bezug zu der Tabelle und den Zellen, die die Rubrikenbeschriftung enthalten. **Y** ist ein externer Bezug zu der Tabelle und den Zellen, die die Werte für 2D-Diagramme enthalten. **Z** ist ein externer Bezug zu der Tabelle und den Zellen, die die Werte für 3D-Diagramme enthalten. **Folge** gibt an, ob die Datenreihenformel als erstes, zweites usw. gezeichnet wird.

Mit Hilfe der Makrofunktion **DATENREIHE.BEARBEITEN** können Sie die in 6UEBUNG.XLC enthaltene Datenreihe entsprechend der Eingabe 1, 2 oder 3 ändern. Sie müssen dazu den Parameter **Y** entsprechend festlegen.

7 LESEN VON ASCII - DATEIEN

Einige zum Produktionsbereich der Beispiel AG gehörenden Maschinen haben die Aufgabe, Kolben herzustellen, deren Durchmesser nur gering von der eingestellten Größe abweichen darf. Die eingestellte Größe beträgt zumeist 10 cm.

Die Herstellerfirma der Maschine gibt folgende Garantien:

o Der Mittelwert der produzierten Kolben weicht höchstens um 0,2 % von der eingestellten Größe ab.

o Die Standardabweichung beträgt höchstens 0,1.

o Darüber hinaus wird garantiert:

   Untergrenze: Mittelwert - 2 * Standardabweichung

   Obergrenze: Mittelwert + 2 * Standardabweichung

Nur Kolben innerhalb der Unter- und Obergrenze können verwendet werden, ansonsten handelt es sich um Ausschuß. Der Ausschußanteil beträgt weniger als 3 %.

Über ein zusätzlich beschafftes Meßgerät ist die Beispiel AG in der Lage, den Durchmesser der produzierten Kolben genau zu ermitteln und die Daten in eine ASCII-Datei zurückzuschreiben.

Der Produktionsleiter ist der Ansicht, daß zahlreiche Maschinen "Garantiefälle" sind und bittet einen seiner Mitarbeiter zu ermitteln, welche Maschinen oben genannte Bedingungen nicht erfüllen.

ZIELE DES KAPITELS

In diesem Kapitel werden Sie erfahren, wie Sie aus einer ASCII-Datei Daten lesen und in Excel weiterverarbeiten können. (Es ist **nicht** geplant, eine vollständige ASCII-Datei in Excel zu laden, sondern eine bestimmte Anzahl Datensätze der ASCII-Datei zu lesen und in eine bestehende Tabelle einzufügen).

Die meisten Tabellenkalkulationsprogramme verfügen über einen Datenbankteil, mit dessen Hilfe bestimmte Funktionen ausgeführt werden können. Diese Funktionen können in vielen Fällen übliche Tabellenfunktionen sinnvoll ergänzen. Sie sollten sich jedoch merken, **daß der Datenbankteil eines Tabellenkalkulationsprogramms einer Datenbanksoftware in jedem Fall unterlegen ist.** Der Datenbankteil eines Tabellenkalkulationsprogramms kann nur eine sinnvolle Ergänzung zu bestimmten Tabellenfunktionen darstellen.

In diesem Kapitel werden Sie einige Datenbankfunktionen kennenlernen, mit dessen Hilfe unser Produktionsmitarbeiter die gewünschten Ergebnisse rasch erzielen kann. Schließlich werden Sie eine Reihe weiterer interessanter Tabellenfunktionen kennenlernen.

DAS ARBEITSBLATT

Laden Sie die Tabelle 7PROD.XLS. Der Cursor befindet sich in Feld A1. Die Anwendung ist so einfach, daß wir auf die Verwendung von Auswahlbildern, Sprungmakros u.ä. verzichtet haben (s. Abbildung 7.1).

Spalte A enthält die aus einer der Dateien 7DATEN1.DAT oder 7DATEN2.DAT gelesenen ASCII-Werte. Diese Dateien enthalten die durch das Meßgerät ermittelten und in eine Datei zurückgeschriebenen Daten: die laufende Nummer (3stellig) und den Durchmesser (6stellig mit drei Nachkommastellen). Zwischen beiden Werten ist ein Leerzeichen. Unser Mitarbeiter aus dem Produktionsbereich ist der Ansicht, daß eine Stichprobe von 100 Fällen ausreichend sei, um festzustellen, ob eine Maschine die geforderten Bedingungen erfüllen kann. Aus diesem Grund hat er ein Makro geschrieben, das die ersten 100 Datensätze einer der vorliegenden ASCII-Dateien liest (beide Dateien enthalten insgesamt 101 Datensätze, das Makro liest jedoch nur die ersten 100 Sätze).

ASCII-Daten werden in Text-, und nicht in Zahlenform gespeichert. Obgleich die Datei fast ausschließlich aus Ziffern besteht, können Sie mit ihnen zunächst keine Rechenvorgänge durchführen. Bewegen Sie den Cursor nach Feld B2:

> = WERT (TEIL (A2 ; 1 ; 3))

Die Tabellenfunktion

> **TEIL(Text;Beginn;Anzahl_Zeichen)**

liefert als Ergebnis eine **Anzahl_Zeichen** lange Zeichenfolge aus dem **Text** ab **Beginn**.

Abbildung 7.1: Die Tabelle 7PROD.XLS

	A	B	C	D	E
1	ASCII-Werte	Nummer	Wert	Datei:	7daten1.dat
2	1 10,025	1	10,025	Eingestellt. Wert	10
3	2 9,967	2	9,967	1. Kriterienber.	2. Kriterienber.
4	3 9,920	3	9,920	Wert	Wert
5	4 9,899	4	9,899		>10,2152
6	5 10,034	5	10,034		<9,8267
7	6 10,200	6	10,200		
8	7 9,978	7	9,978	Mittelwert:	Zul. Abweichung
9	8 10,001	8	10,001	10,0210	0,020
10	9 9,995	9	9,995	Varianz:	Anz. Fehlteile
11	10 9,959	10	9,959	0,0094	1
12	11 10,012	11	10,012	Standardabw.:	Obergrenze
13	12 10,031	12	10,031	0,0971	10,2152
14	13 10,022	13	10,022	Maximum:	Untergrenze
15	14 9,997	14	9,997	10,3000	9,8267
16	15 10,000	15	10,000	Minimum:	
17	16 9,992	16	9,992	9,8790	
18	17 10,019	17	10,019		

Die Anweisung

> TEIL("Guten Tag";7;3)

ergibt beispielsweise "Tag". Die Anweisung

> TEIL("Guten Tag";1;3)

ergibt "Gut".

In unserem Beispiel werden die ersten drei Zeichen des in Spalte A gespeicherten Textes herausgefiltert:

> TEIL (A2 ; 1 ; 3)

Die ersten drei in Spalte A gespeicherten Zeichen enthalten die laufende Nummer der einzelnen Meßvorgänge.

Die Funktion

> **WERT(Text)**

wandelt den **Text** in eine Zahl um, z.B.: Die Anweisung

> WERT("1000")

ergibt 1000.

Ist die Umwandlung nicht möglich, beispielsweise weil der umzuwandelnde Text einen Buchstaben enthält, entsteht eine Fehlersituation.

Die Anweisung in Feld B2 bewirkt demnach, daß die ersten drei Zeichen des Textes in eine Zahl umgewandelt werden:

```
1 10,025 (als Text)  <----  WERT(TEIL(" 1 10,025";1;3)  ---->  1 (als Zahl)
```

Betrachten Sie die Anweisung in Feld C2:

$$= WERT\ (\ TEIL\ (A2\ ;\ 5\ ;\ 6)\ )$$

Diese Anweisung extrahiert aus dem in Feld A2 gespeicherten Text die Zeichen ab Position 5 mit einer Länge von 6 Zeichen und wandelt die extrahierten Zeichen in eine Zahl um:

```
1 10,025 (als Text)  <---  WERT(TEIL(" 1 10,025";5;6)  --->  10,025 (als Zahl)
```

Spalte B enthält demnach die laufende Nummer der Stichprobe und Spalte C den durch das Meßgerät ermittelten Kolbendurchmesser.

Betrachten Sie den Inhalt von Feld E1:

7DATEN1.DAT

Das Makro, das wir später erklären werden, liest den Inhalt der in Feld E1 spezifizierten ASCII-Datei in die Spalte A unserer Tabelle. Wenn Sie in dieses Feld den Namen

7DATEN2.DAT

eingeben, liest das Makro den Inhalt dieser Datei. Bewegen Sie den Cursor nach Feld D9:

=DBMITTELWERT(C1:C101 ; "Wert" ; D4:D5)

Diese Anweisung bedarf zusätzlicher Erklärung. Es handelt sich hierbei um eine Datenbankfunktion. Das allgemeine Format einer Datenbankfunktion lautet:

DBFunktion(Datenbank;Feld;Suchkriterien)

Jede Datenbankfunktion verwendet drei Argumente: den Datenbankbereich, die Feldangabe und die Festlegung von Suchkriterien. Diese Argumente legen fest, welche Felder der Tabelle zur Berechnung herangezogen werden.

Das Argument **Datenbank** ist der Bereich der Felder, welche die Datenbank bilden. Eine Excel-Datenbank ist ein zusammenhängender Bereich von Feldern, die in Sätzen (Zeilen) und Feldern (Spalten) angeordnet sind. Der Datenbankbezug kann als ein Feldbereich oder als ein einem Bereich zugewiesener Name eingegeben werden.

Wenn Sie die Befehlsfolge **Daten - Datenbank festlegen** auf einen ausgewählten Feldbereich anwenden, nennt Excel diesen Bereich automatisch **Datenbank**. Zu beachten ist, daß zum Bereich der Datenbank auch die Feldüberschrift gehört.

Das Argument **Feld** gibt an, welches Feld in der Berechnung verwendet wird. Datenbankfelder sind Datenspalten mit einem identifizierenden Feldnamen in der ersten Zeile. **Feld** kann als Text, z.B. "Wert", oder als Feldnummer angegeben werden: 1 für das erste Feld, 2 für das zweite Feld usw.

Das Argument **Suchkriterien** ist ein Bezug auf den Bereich der Felder, die bestimmte Datenbankkriterien enthalten. Um eine gesamte Spalte einer Datenbank zu berechnen, geben Sie eine Leerzeile oder Leerzeilen unter den Feldnamen im Kriterienbereich ein.

Das soll an theoretischer Beschreibung genügen. Betrachten Sie noch einmal die Anweisung in Feld D9:

$$=DBMITTELWERT(C1:C101 ; "Wert" ; D4:D5)$$

Die Funktion **DBMITTELWERT** berechnet den Mittelwert aller Werte der spezifizierten Datenbank, in unserem Fall den Bereich von C1 bis C101. Unsere Datenbank besteht demnach nur aus der Spalte, die die gemessenen Werte speichert.

Als Feldnamen haben wir **Wert** eingegeben. Der Bereich **Suchkriterien** umfaßt die Felder D4 und D5. Da wir bei der Berechnung des Mittelwertes die gesamte Datenbank einbeziehen wollen, haben wir in Feld D5 keine Eintragung vorgenommen.

Betrachten Sie den Inhalt von Feld D11:

$$=DBVARIANZ(C1:C101 ; "Wert" ; D4:D5)$$

Die Datenbankfunktion **DBVARIANZ** ermittelt über eine Stichprobe die Varianz einer Grundgesamtheit und verwendet dafür die Datenbankwerte in der Spalte **Feld**, deren Sätze die Suchkriterien erfüllen.

Bei der Varianz handelt es sich um einen sogenannten *Streuungsparameter*, der die "Streuung" von Werten um einen Mittelwert quantifiziert. Je höher die Varianz, desto mehr weichen die Werte vom Mittelwert ab.

Beispielsweise haben die Werte 2, 4 und 6 den Mittelwert 4 bei einer relativ geringen Varianz (erstes Zahlenbeispiel). Die Werte 1, 2 und 9 (zweites Zahlenbeispiel) haben zwar den gleichen Mittelwert, aber eine relativ hohe Varianz.

Die Formel zur Ermittlung der Varianz aus einer Stichprobe lautet:

```
          1
Varianz = ----- * Summe (Werte - Mittelwert)²
          N-1
```

Hierbei ist **N** die Stichprobengröße, **Werte** repräsentieren die einzelnen Werte und **Mittelwert** ist der berechnete Mittelwert.

Für das erste Zahlenbeispiel ergibt sich:

```
          1
Varianz = --- * ((2-4)² + (4-4)² + (6-4)²)
          2

        = 0,5 * (4 + 0 + 4) = 4
```

Für das zweite Zahlenbeispiel ergibt sich:

```
          1
Varianz = --- * ((1-4)² + (2-4)² + (9-4)²)
          2

        = 0,5 * (9 + 4 + 25) = 19
```

Die Standardabweichung ist die Quadratwurzel der Varianz; es ergibt sich für das erste Zahlenbeispiel eine Standardabweichung von 2, und für das zweite Zahlenbeispiel eine Standardabweichung von etwa 4,36.

Kommen wir zurück zu unserer Anwendung: Die ermittelte Varianz beträgt (gerundet) 0,0094, die Standardabweichung, die durch die Datenbankfunktion **DBSTDABW** ermittelt wird, beträgt (gerundet) 0,0971.

Der Mittelwert weicht um mehr als 0,2% von der eingestellten Größe ab. Die eingestellte Größe ist in Feld E2 gespeichert, die zulässige Abweichung wird durch die Formel

```
        = E2 * 0,002
```

in Feld E9 ermittelt. Die Abweichung beträgt in diesem Beispiel 0,021 cm. Die von unserem Mitarbeiter aus der Produktionsabteilungen ausgewerteten Daten lassen daher vermuten, daß die ausgewählte Maschine ein "Garantiefall" ist.

In den weiteren Feldern der Spalte D sehen Sie je ein Beispiel für die Datenbankfunktionen DBMAX und DBMIN.

Betrachten Sie die Anweisung in Feld E11:

```
=DBANZAHL(C1:C101;"Wert";E4:E6)
```

Die Datenbankfunktion **DBANZAHL** ermittelt in der Spalte **Feld** die Anzahl Datenbankfelder, deren Sätze die Suchkriterien erfüllen. Die Suchkriterien sind in den Feldern von E4 bis E6 gespeichert. Betrachten Sie die Formel in Feld E5:

$$= "\text{>}"\&\text{RUNDEN(E13;4)}$$

Der Verbindungsoperator **&** verbindet das Zeichen "**>**" mit einem durch die Funktion **RUNDEN** auf vier Stellen gerundeten Wert. Dieser Wert wird Feld E13 entnommen:

$$= D9 * 2 * D13$$

Feld E13 ermittelt die von der Herstellerfirma als Durchmesser garantierte Obergrenze:

$$\text{Mittelwert} + 2 * \text{Standardabweichung}$$

Der Mittelwert ist in Feld D9, die Standardabweichung in Feld D13 gespeichert.

Die Berechnung der Untergrenze erfolgt analog. Kommen wir damit zurück zur Datenbankfunktion **DBANZAHL**: In unserem Beispiel ermittelt die Funktion die Anzahl Datensätze, die größer als die zulässige Obergrenze und kleiner als die zulässige Untergrenze sind. Hierbei handelt es sich um Fehlteile, d.h. Ausschuß, der von der Beispiel AG nicht verwendet werden kann.

Damit haben wir die einzelnen Komponenten der Tabelle beschrieben. Kommen wir damit zu den Makros.

DIE MAKROS

Abbildung 7.2 zeigt die Makros *Laden* und *Einlesen* der Makrovorlage 7PROD.XLM. Laden Sie die Makrovorlage (Befehlsfolge **Datei - Öffnen**) und vollziehen Sie die folgende Beschreibung nach.

Die Berechnung der Werte innerhalb der Tabelle 7PROD.XLS basiert auf den Daten, die über ein Makro einer ASCII-Datei entnommen worden sind. Eine solche Datei besteht ausschließlich aus ASCII-Zeichen. Es handelt sich zumeist um einfache Textdateien, die spezielle Informationen speichern. Das DOS-Betriebssystem arbeitet beispielsweise mit zwei wichtigen Textdateien: AUTO-EXEC.BAT und CONFIG.SYS. Sie können sich den Inhalt von Textdateien über den DOS-Befehl **TYPE** anzeigen lassen.

Abbildung 7.2: Makros Laden und Einlesen

	A	B
1	Laden	STRG-l
2	=DÖFFNEN('7PROD.XLS'!E1;2)	
3	=WENN(A2=1;GEHEZU(A5))	
4	=GEHEZU(A7)	
5	=WARNUNG("Datei bereits geöffnet";3)	
6	=DSCHLIESSEN(1)	
7	=RÜCKSPRUNG()	
8		
9		
10	Einlesen	STRG-e
11	=BERECHNEN(3)	
12	=AKTIVIEREN("7prod.xlm")	
13	=AUSWÄHLEN("Z19S1")	
14	=KOPIEREN()	
15	=AKTIVIEREN("7prod.xls")	
16	=AUSWÄHLEN("Z1S1")	
17	=FÜR("Zähler";1;100;1)	Beginn Schleife
18	=AUSWÄHLEN("Z(1)S")	
19	=DLESEN.ZEILE(0)	Lesen der Datei
20	=INHALTE.EINFÜGEN(3;1)	Übertragen in die Tabelle
21	=WEITER()	Ende Schleife
22	=DSCHLIESSEN(0)	Schliessen der Datei
23	=ABBRECHEN.KOPIEREN()	
24	=AUSWÄHLEN("z1s1")	
25	=BERECHNEN(1)	
26	=RÜCKSPRUNG()	

Excel verfügt über Makrofunktionen, die das Lesen und Schreiben von ASCII-Dateien ermöglichen. Einige dieser Makrofunktionen werden Sie im folgenden kennenlernen. Bewegen Sie den Cursor nach Feld A2 der Makrovorlage 7PROD.XLM:

$$=DÖFFNEN('7PROD.XLS'!E1;2)$$

Feld E1 der Tabelle 7PROD.XLS speichert einen Dateinamen. Die Anweisung bewirkt, daß diese Datei "geöffnet" wird. Durch das Öffnen wird eine Datei für Lese- und/oder Schreibvorgänge vorbereitet. Die allgemeine Form der Makrofunktion lautet:

DÖFFNEN(Datei_Text;Zugriff_Zahl)

Es wird die durch **Datei_Text** spezifizierte Datei geöffnet. Das Argument **Zugriff_Zahl** legt fest, welche Operationen Sie mit der geöffneten Datei durchführen können:

Für den Fall, daß Sie den Wert 1 angeben, können Sie die Datei sowohl lesen, als auch schreiben. Wenn Sie den Wert 2 angeben, öffnen Sie die Datei ausschließlich für Lesezugriffe (Sie dürfen in einem solchen Fall keine Datensätze innerhalb der Datei ändern und keine neuen Datensätze hinzufügen). Der Wert 3 legt fest, daß eine neue Datei erstellt wird, die Lese- und Schreibzugriffe gestattet.

Da wir die Werte von 7DATEN1.DAT nur lesen wollen, haben wir beim Aufruf von **DÖFFNEN** den Wert 2 verwendet.

Wenn die Datei erfolgreich geöffnet worden ist, liefert **DÖFFNEN** als Ergebnis eine Datei-Kennummer. Die erste geöffnete Datei erhält die Nummer 0, die zweite Datei die Nummer 1, usw. Kann die Datei nicht geöffnet werden (z.B. weil Sie einen falschen Dateinamen eingetragen haben), entsteht eine Fehlersituation.

Nachdem eine Datei geöffnet und bearbeitet worden ist, sollten Sie die Datei wieder "schliessen". Dafür steht die Makrofunktion **DSCHLIESSEN** zur Verfügung.

Betrachten Sie das Makro *Laden*: Die Anweisung in Feld A2 öffnet die Datei und stellt als Ergebnis den Wert 0 in dieses Feld. Sie können sich diesen Wert ansehen, wenn Sie die Befehlsfolge **Optionen - Bildschirmanzeige** wählen und die Option **Formel** ausschalten.

Für den Fall, daß Sie das Makro *Laden* ein zweites Mal aufrufen, wird die Datei erneut, diesmal mit der Kennummer 1, geöffnet. Dies auszuschließen ist Aufgabe der Anweisung in Feld A3:

=WENN(A2=1;GEHEZU(A5))

Wenn Feld A2 den Wert 1 speichert, erfolgt ein Sprung nach Feld A5. Hier wird eine Warnung ausgegeben und die soeben mit der Kennummer 1 geöffnete Datei wird wieder geschlossen (Feld A6):

=DSCHLIESSEN(1)

Nachdem Sie das Makro *Laden* durch Drücken von STRG-l aufgerufen haben, passiert zunächst einmal nichts. Interessant wird es, wenn Sie das nächste Makro durch Drücken von STRG-e aufrufen. Probieren Sie es aus! Drücken Sie STRG-e und beobachten Sie, was passiert!

Der Cursor springt zur Tabelle und durchläuft die Spalte A bis Feld A101, wobei das Makro jeweils die gelesenen Daten in die Felder der Spalte A überträgt.

Am Ende des Makros wird die mit der Kennummer 0 geöffnete Datei wieder geschlossen. Wenn Sie den Vorgang wiederholen möchten, müssen Sie zunächst das Makro *Laden* durch Drücken von STRG-l aufrufen, um die Datei wieder zu öffnen, und anschließend das Makro *Einlesen* durch Drücken von STRG-e.

Wechseln Sie zur Makrovorlage und bewegen Sie den Cursor nach Feld A11:

>   BERECHNEN(3)

Diese Anweisung schaltet zur Beschleunigung der Makroausführung die automatische Neuberechnung aus. Anschließend wird die Makrovorlage aktiviert und Feld Z19S1 ausgewählt. Dieses Feld speichert folgende Anweisung:

>   =DLESEN.ZEILE(0)

Die Makrofunktion

>   **=DLESEN.ZEILE(Dateinummer)**

liest aus der durch **Dateinummer** gekennzeichneten Datei von der aktuellen Dateiposition bis ans Zeilenende. Die Datei **Dateinummer** muß über die Funktion **DÖFFNEN** geöffnet worden sein. Das Argument Dateinummer ist die Zahl, die von der Funktion **DÖFFNEN** als Ergebnis ausgegeben wurde. Wurde **DLESEN.ZEILE** erfolgreich ausgeführt, liefert sie als Ergebnis den gelesenen Text bis zum Zeilenvorschub-Zeichen am Zeilenende. Ist **Dateinummer** ungültig, entsteht eine Fehlersituation. Wenn die aktuelle Dateiposition das Dateiende ist, wird durch einen erneuten Leseversuch der Fehlerwert *#NV* ausgegeben.

Feld A19 wird ausgewählt und dessen Inhalt mit Hilfe der Makrofunktion **KOPIEREN** in den Excel-Zwischenspeicher gestellt, um ihn später über die Makrofunktion **INHALTE.EINFÜGEN** in die Tabelle übertragen zu können.

Die Bearbeitung der 100 Datensätze erfolgt innerhalb einer Schleife. Die Schleife beginnt in Feld A17:

>   FÜR("Zähler";1;100;1)

Diese Anweisung definiert die Zählervariable **Zähler** (1. Argument), die den Bereich von 1 (2. Argument) bis 100 (3. Argument) mit einer Schrittweite von 1 (4. Argument) durchläuft. Die nachfolgenden Anweisungen werden demnach 100 mal ausgeführt:

>   =AUSWÄHLEN("Z(1)S")

>   =DLESEN.ZEILE(0)

>   =INHALTE.EINFÜGEN(3;1)

>   =WEITER()

Zunächst springt der Cursor um eine Zeile nach unten. Anschließend wird die nächste Zeile der Datei gelesen. Über die Makrofunktion **INHALTE.EINFÜGEN** wird der Inhalt von Feld A19 in das momentane Feld von 7PROD.XLS übertragen.

Die Makrofunktion **WEITER** beendet die Schleifenbearbeitung für den Fall, daß die zuvor formulierte Bedingung erfüllt ist.

Feld A23 beendet den Kopiervorgang (der um das Feld A19 der Makrovorlage angezeigte Laufrahmen verschwindet), es erfolgt der Sprung nach Feld A1 und der normale Berechnungsmodus wird wieder aktiviert.

Bewegen Sie den Cursor innerhalb der Makrovorlage nach Feld C1: Wir haben ein drittes Makro vorbereitet, das nur aus der Anweisung

=DSCHLIESSEN(0)

besteht. Wenn Sie die zuvor geöffnete Datei wieder schließen wollen, ohne das Makro *Einlesen* aufzurufen, können Sie dies durch Drücken von STRG-s realisieren.

Der Aufbau der Makrofunktionen für das Schreiben (z.B. **DSCHREI-BEN.ZEILE**) von ASCII-Dateien entspricht dem Aufbau der besprochenen Lese-Makrofunktionen. Aus diesem Grund haben wir auf ein "Schreib"-Beispiel verzichtet.

Fehlt noch was? Ja, und zwar muß unser Produktionsmitarbeiter noch prüfen, welche Ergebnisse die in der Datei 7DATEN2.DAT gespeicherten Daten bringen. Ist möglicherweise auch die zweite untersuchte Maschine ein Garantiefall?

Tragen Sie in das Feld E1 der Tabelle den Namen

7DATEN2.DAT

ein. Rufen Sie anschließend das Makro *Laden* durch Drücken von STRG-l auf, und das Makro *Einlesen* durch Drücken von STRG-e.

Nachdem das Makro abgearbeitet worden ist, können Sie erkennen, daß die ermittelte Standardabweichung den garantierten Wert 0,1 übersteigt, so daß auch die zweite Maschine zum Garantiefall wird.

ZUSAMMENFASSUNG

Sie haben in diesem Kapitel erfahren, wie Sie Daten aus einer ASCII-Datei lesen und in eine Excel-Tabelle einfügen können. Die entsprechenden Makrofunktionen wurden an einem Beispiel beschrieben.

Zur Weiterverarbeitung dieser Werte haben wir eine Reihe von Datenbankfunktionen genutzt. Obgleich Datenbanken eine sinnvolle Ergänzung zu bestimmten Tabellenfunktionen sein können, sollten Sie sich jedoch merken, daß der Datenbankteil eines Tabellenkalkulationsprogramms niemals an die Qualitäten einer Datenbanksoftware herankommt.

ÜBUNG

Die Datei 7UEBUNG.DAT speichert in den ersten 8 Stellen 20 Zahlen. Sie können sich den Dateiinhalt über den DOS-Befehl TYPE anzeigen lassen.

Schreiben Sie ein Makro, das diese 20 Zahlen in ein Arbeitsblatt einliest. Innerhalb des Arbeitsblattes sollen

o   der Mittelwert über die 20 Zahlen,

o   die Anzahl Zahlen, die größer oder gleich dem Mittelwert sind, und

o   die Standardabweichung der ersten 12 gelesenen Werte

ermittelt werden.

Das Arbeitsblatt soll in der Tabelle 7UEBUNG.XLS und das Makro in der Makrovorlage 7UEBUNG.XLM gespeichert werden.

ANHANG

- Lösungen zu den Übungen -

Kapitel 1

Abbildung 1.1 zeigt Ihnen die Lösung der Übungen aus Kapitel 1.

Abbildung 1.1: Übungsmakros aus Kapitel 1

	A	B
44	Aktivieren_Tabelle	STRG-t
45	=AKTIVIEREN("1pers.xls")	Aktivieren Tabelle
46	=RÜCKSPRUNG()	
47		
48		
49		
50	Fenster_schließen	STRG-f
51	=DATEI.SCHLIESSEN()	Schließen Fenster
52	=RÜCKSPRUNG()	
53		
54		
55		
56	Position_A42	STRG-p
57	=AKTIVIEREN("1pers.xlm")	Position A42 Makrovorlage
58	=FORMEL.GEHEZU("z42s1";WAHR)	
59	=RÜCKSPRUNG()	
60		
61		
62		
63	Drucken_A1_B18	STRG-b
64	=AKTIVIEREN("1pers.xlm")	Drucken Makrovorlage
65	=AUSWÄHLEN("z1s1:z18s2")	
66	=DRUCKBEREICH.FESTLEGEN()	
67	=AUSWÄHLEN("z1s1")	
68	=DRUCKEN(1;;;1;FALSCH;WAHR;1)	
69	=RÜCKSPRUNG()	

Kapitel 2

Abbildung 2.1 zeigt Ihnen das Makro zur Aktualisierung der Daten der Abteilung *Einkauf*.

Abbildung 2.1: Übung 1 aus Kapitel 2

	A	B
51	Eink	STRG-e
52	=AKTIVIEREN("2eink.xls")	Aktivieren 2EINK
53	=AUSWÄHLEN("z1s1:z10s1")	Bereich auswählen
54	=KOPIEREN()	Kopieren
55	=AUSWÄHLEN("z1s1")	Markierung aufheben
56	=AKTIVIEREN("2Bestand.xls")	Aktivieren 2BESTAND
57	=AUSWÄHLEN("z41s7")	Sprung nach G41
58	=EINFÜGEN()	E i n f ü g e n
59	=ABBRECHEN.KOPIEREN()	Abbrechen Kopieren
60	=MAKRO.AUSFÜHREN('2BESTAND.XLM'!$A$15)	Aufruf "Sprung_Auswahl"
61	=RÜCKSPRUNG()	Ende des Makros

Abbildung 2.2 zeigt die beiden zu erstellenden Makros.

Abbildung 2.2: Übung 2 aus Kapitel 2

	A	B
1	Start	Autoexec-Makro
2	=ÖFFNEN("2daten.xls")	Laden 2DATEN
3	=AKTIVIEREN("2uebung.xls")	Aktivieren 2UEBUNG
4	=AUSWÄHLEN("z1s1")	Sprung nach A1
5	=RÜCKSPRUNG()	Ende des Makros
6		
7		
8	Aktuell	STRG-a
9	=AKTIVIEREN("2daten.xls")	Aktivieren 2DATEN
10	=AUSWÄHLEN("z1s1:z4s3")	Auswählen Bereich
11	=KOPIEREN()	Kopieren
12	=AUSWÄHLEN("z1s1")	Aufheben Markierung
13	=AKTIVIEREN("2uebung.xls")	Aktivieren 2UEBUNG
14	=AUSWÄHLEN("z20s4")	Auswählen Startposition
15	=EINFÜGEN()	Einfügen
16	=ABBRECHEN.KOPIEREN()	Abbrechen Kopieren
17	=AUSWÄHLEN("z1s1")	Sprung nach A1
18	=RÜCKSPRUNG()	Ende des Makros

Kapitel 3

Abbildung 3.1 zeigt das Makro, welches das Anwendermenü aktiviert.

Abbildung 3.1: Makro Aktivieren Anwendermenü

	K	L
13	menü	STRG-a
14	=MENÜLEISTE.ZEIGEN(10)	
15	=RÜCKSPRUNG()	

Abbildung 3.2 zeigt das Makro, das die neue Menüleiste definiert. Die Anweisung in Feld A5 stellt sicher, daß nicht mehr als eine neue Menüleiste definiert werden kann. Für den Fall, daß Sie das Makro "einmal zu viel" aufgerufen haben, erfolgt der Sprung nach *Doppelt*. Hier wird die achte Menüleiste gelöscht und über die Funktion **WARNUNG** wird ein Hinweis angezeigt.

Abbildung 3.2: Definieren neue Menüleiste

	A
1	Definieren
2	=AKTIVIEREN("3uebung.xls")
3	=FORMEL.GEHEZU("z1s1")
4	=MENÜLEISTE.EINFÜGEN()
5	=WENN('3UEBUNG.XLM'!$A$4=11;GEHEZU(doppelt);GEHEZU(def))
6	def
7	=MENÜLEISTE.ZEIGEN(10)
8	=MENÜ.EINFÜGEN(10;C1:G4)
9	=MENÜ.EINFÜGEN(10;C6:G10)
10	=MENÜ.EINFÜGEN(10;C12:G14)
11	=MENÜ.EINFÜGEN(10;C16:G19)
12	=GEHEZU(ende)
13	doppelt
14	=MENÜLEISTE.LÖSCHEN(11)
15	=WARNUNG("Menüleiste 10 ist schon erstellt";3)
16	ende
17	=MENÜLEISTE.ZEIGEN(10)
18	=RÜCKSPRUNG()

Abbildung 3.3 zeigt die Dialogfelddefinition, Abbildung 3.4 die zum Menü *Kreditbetrag* gehörenden Makros.

Abbildung 3.3: Dialogfelddefinition

	C	D	E	F
1	&Kreditbetrag			
2	&30.000	'3uebung.xlm'!drei		30.000 DM Kreditbetrag
3	&60.000	'3uebung.xlm'!sechzig		60.000 DM Kreditbetrag
4	&90.000	'3uebung.xlm'!neun		90.000 DM Kreditbetrag
5				
6	&Laufzeit			
7	&4 Jahre	'3uebung.xlm'!vier		4 Jahre Laufzeit
8	&6 Jahre	'3uebung.xlm'!sechs		6 Jahre Laufzeit
9	&8 Jahre	'3uebung.xlm'!acht		8 Jahre Laufzeit
10	&10 Jahre	'3uebung.xlm'!zehn		10 Jahre Laufzeit
11				
12	&Zins			
13	&4%	'3uebung.xlm'!vierp		Zinssatz 4%
14	&5%	'3uebung.xlm'!fünf		Zinssatz 5%
15				
16	&Bearbeiten			
17	&Druck	'3uebung.xlm'!druck		Ausdruck des Arbeitsblattes
18	-			
19	&Wechsel	'3uebung.xlm'!wechsel		Wechsel zur Menüleiste 1

Abbildung 3.4: Makros zum Menü Kreditbetrag

	H
1	drei
2	=FORMEL(30000;'3UEBUNG.XLS'!Kreditbetrag)
3	=RÜCKSPRUNG()
4	
5	sechzig
6	=FORMEL(60000;'3UEBUNG.XLS'!Kreditbetrag)
7	=RÜCKSPRUNG()
8	
9	neun
10	=FORMEL(90000;'3UEBUNG.XLS'!Kreditbetrag)
11	=RÜCKSPRUNG()

Abbildung 3.5 zeigt die zum Menü *Laufzeit*, Abbildung 3.6 die zum Menü *Zins* und Abbildung 3.7 die zum Menü *Bearbeiten* gehörenden Makros.

Abbildung 3.5: Makros zum Menü Laufzeit

	I
1	vier
2	=FORMEL(4;'3UEBUNG.XLS'!Laufzeit)
3	=RÜCKSPRUNG()
4	
5	sechs
6	=FORMEL(6;'3UEBUNG.XLS'!Laufzeit)
7	=RÜCKSPRUNG()
8	
9	acht
10	=FORMEL(8;'3UEBUNG.XLS'!Laufzeit)
11	=RÜCKSPRUNG()
12	
13	zehn
14	=FORMEL(10;'3UEBUNG.XLS'!Laufzeit)
15	=RÜCKSPRUNG()

Abbildung 3.6: Makros zum Menü Zins

	J
1	vierp
2	=FORMEL(4;'3UEBUNG.XLS'!Jahreszins)
3	=RÜCKSPRUNG()
4	
5	fünf
6	=FORMEL(5;'3UEBUNG.XLS'!Jahreszins)
7	=RÜCKSPRUNG()

Abbildung 3.7: Makros zum Menü Bearbeiten

	K
1	druck
2	=AKTIVIEREN("3uebung.xls")
3	=AUSWÄHLEN("z1s1:z10s3")
4	=DRUCKBEREICH.FESTLEGEN()
5	=DRUCKEN(1;;;1;FALSCH;WAHR;1)
6	=FORMEL.GEHEZU("z1s1")
7	=RÜCKSPRUNG()
8	
9	wechsel
10	=MENÜLEISTE.ZEIGEN(1)
11	=RÜCKSPRUNG()

Kapitel 4

Abbildung 4.1 zeigt die Dialogfelddefinition und Abbildung 4.2 das Makro zur
Übung 1.

Abbildung 4.1: Dialogfelddefinition

	A	B	C	D	E	F	G	H
1	Kopfdaten	Elem.	x	y	Br.	Hö.	Text	Erg.
2								
3	Größe		0	0				
4	Text	5					&Kreditbetrag	
5	Zahlenfeld	8						50000
6	Text	5					&Verheiratet	
7	Zahlenfeld	13						WAHR
8	Text	5					&Laufzeit	
9	Zahlenfeld	8						8
10	Schaltfläche OK	3					OKAY	
11	Schaltfläche Abbrechen	2					Abbruch	

Abbildung 4.2: Makro zur Übungsaufgabe 1

	J
1	Eingabe
2	=AKTIVIEREN("4uebung.xls")
3	=AUSWÄHLEN("z1s1")
4	=DIALOGFELD(B3:H11)
5	=WENN(J4=FALSCH;GEHEZU(J14))
6	=WENN(ODER('4UEBUNG1.XLM'!H5<10000;'4UEBUNG1.XLM'!H5>50000);GEHEZU(J12))
7	=WENN(ODER('4UEBUNG1.XLM'!H9=4;'4UEBUNG1.XLM'!H9=8;'4UEBUNG1.XLM'!H9=12);;GEHEZU
8	=FORMEL('4UEBUNG1.XLM'!H5;'4UEBUNG.XLS'!Kreditbetrag)
9	=WENN('4UEBUNG1.XLM'!H7=FALSCH;FORMEL(5;'4UEBUNG.XLS'!Jahreszins);FORMEL(4;'4UEB
10	=FORMEL('4UEBUNG1.XLM'!H9;'4UEBUNG.XLS'!Laufzeit)
11	=GEHEZU(J14)
12	=WARNUNG("Fehler in den Eingabedaten - Neuaufruf des Dialogfensters";3)
13	=GEHEZU(J4)
14	=RÜCKSPRUNG()

Die Anweisung in Feld J7 prüft, ob in Feld H9 einer der Werte 4, 8 oder 12
gespeichert ist - falls nicht, erfolgt über die Makrofunktion **GEHEZU** der Sprung
nach Feld J12.

Abbildung 4.3 zeigt das zum Dialogfenster des Chefs passende Makro.

Abbildung 4.3: Makro Dialogfenster Chef

	A
1	Dialogfenster_Chef
2	=AKTIVIEREN("4uebung.xls")
3	=AUSWÄHLEN("Z1S1")
4	=DIALOGFELD(D3:J15)
5	=WENN(A4=FALSCH;GEHEZU(A15))
6	=WENN(ODER('4ZWEITE.XLM'!J6<10000;'4ZWEITE.XLM'!J6>50000);GEHEZU(A13))
7	=FORMEL('4ZWEITE.XLM'!J6;'4UEBUNG.XLS'!Kreditbetrag)
8	=WENN('4ZWEITE.XLM'!J7=FALSCH;FORMEL(5;'4UEBUNG.XLS'!Jahreszins);FORMEL(4;'4UE
9	=WENN('4ZWEITE.XLM'!J10=1;FORMEL(4;'4UEBUNG.XLS'!Laufzeit))
10	=WENN('4ZWEITE.XLM'!J10=2;FORMEL(8;'4UEBUNG.XLS'!Laufzeit))
11	=WENN('4ZWEITE.XLM'!J10=3;FORMEL(12;'4UEBUNG.XLS'!Laufzeit))
12	=GEHEZU(A15)
13	=WARNUNG("Fehler in den Eingabedaten - Neuaufruf des Dialogfensters";3)
14	=GEHEZU(A4)
15	=RÜCKSPRUNG()

Kapitel 5

Abbildung 5.1 zeigt das Hauptprogramm *Speichern*. Abbildung 5.2 zeigt das Unterprogramm *Prüfung*. Das Unterprogramm weist zunächst *Fehlerfeld* den Wert 0 zu. Anschließend werden die Werte mit Hilfe der Funktionen **MIN** und **MAX** abgefragt. Für den Fall, daß Minimum und Maximum die vorgegebenen Grenzwerte unter- bzw. überschreiten, wird eine Meldung angezeigt und *Fehlerfeld* erhält den Wert 1.

Abbildung 5.1: Hauptprogramm

	A
1	speichern
2	=AKTIVIEREN("5uebung.xls")
3	='5UEBUNG.XLM'!Prüfung()
4	=WENN('5UEBUNG.XLM'!Fehlerfeld<>0;;GEHEZU(A7))
5	=WARNUNG("Fehler in der Tabelle - Tabelle wird nicht gespeichert";3)
6	=GEHEZU(A8)
7	=SPEICHERN()
8	=RÜCKSPRUNG()

Abbildung 5.2: Unterprogramm Prüfung

	C
1	Prüfung
2	=WERT.FESTLEGEN(Fehlerfeld;0)
3	=AKTIVIEREN("5uebung.xls")
4	=WENN(ODER(MIN('5UEBUNG.XLS'!D8:D19)<5;MAX('5UEBUNG.XLS'!D8:D10)>50);WARNUNG("Fe
5	=WERT.FESTLEGEN(Fehlerfeld;1)
6	=WENN(ODER(MIN('5UEBUNG.XLS'!E8:E19)<>1;MAX('5UEBUNG.XLS'!E8:E19)<>2);WARNUNG("F
7	=WERT.FESTLEGEN(Fehlerfeld;1)
8	=WENN(ODER(MIN('5UEBUNG.XLS'!F8:F19)<500;MAX('5UEBUNG.XLS'!F8:F19)>5000);WARNUNG
9	=WERT.FESTLEGEN(Fehlerfeld;1)
10	=WENN(ODER(MIN('5UEBUNG.XLS'!G8:G19)<100;MAX('5UEBUNG.XLS'!G8:G19)>3000);WARNUNG
11	=WERT.FESTLEGEN(Fehlerfeld;1)
12	=RÜCKSPRUNG()

Kapitel 6

Abbildung 6.1 zeigt das zu erstellende Makro.

Abbildung 6.1: Lösungsmakro

	J
61	Übung
62	=ECHO(FALSCH)
63	=AKTIVIEREN("6grafik.xls")
64	=AUSWÄHLEN("z2s1")
65	=FORMEL(EINGABE("Darstellung: 1=Mitarbeiter; 2=Umsatz; 3=Einzelkosten";1))
66	=WENN(UND('6GRAFIK.XLS'!A2<>1;'6GRAFIK.XLS'!A2<>2;'6GRAFIK.XLS'!A2<>3);GEHEZU(J82))
67	=AKTIVIEREN("6uebung.xlc")
68	=WENN('6GRAFIK.XLS'!A2=1;GEHEZU(J71))
69	=WENN('6GRAFIK.XLS'!A2=2;GEHEZU(J73))
70	=WENN('6GRAFIK.XLS'!A2=3;GEHEZU(J75))
71	=DATENREIHE.BEARBEITEN(1;;;'6GRAFIK.XLS'!$E$8:$E$19;;1)
72	=GEHEZU(J76)
73	=DATENREIHE.BEARBEITEN(1;;;'6GRAFIK.XLS'!$G$8:$G$19;;1)
74	=GEHEZU(J76)
75	=DATENREIHE.BEARBEITEN(1;;;'6GRAFIK.XLS'!$H$8:$H$19;;1)
76	=TEXT.ZUORDNEN(1)
77	=WENN('6GRAFIK.XLS'!A2=1;FORMEL("Anzahl Mitarbeiter"))
78	=WENN('6GRAFIK.XLS'!A2=2;FORMEL("UMSATZ"))
79	=WENN('6GRAFIK.XLS'!A2=3;FORMEL("EINZELKOSTEN"))
80	=AUSWÄHLEN("Diagramm")
81	=GEHEZU(J83)
82	=WARNUNG("Falsche Eingabe - Makro bricht ab";3)
83	=RÜCKSPRUNG()

Kapitel 7

Abbildung 7.1 zeigt das Arbeitsblatt. Spalte A speichert die eingelesenen Werte. Spalte B wandelt die eingelesenen Werte in Zahlen um, z.B. in Zeile 2:

$$=WERT(A2)$$

Feld C9 ermittelt den Mittelwert:

$$=DBMITTELWERT(B1:B21;"Wert";C4:C5)$$

Feld C11 ermittelt die Anzahl Werte, die größer als der Mittelwert sind:

$$=DBANZAHL(B1:B21;"Wert";D4:D5)$$

Der Kriterienbereich im Bereich D4:D5 ist wie folgt definiert:

$$=">="\&C9$$

Feld C11 ermittelt die Standardabweichung:

$$=DBSTDABW(B1:B21;"Wert";C4:C5)$$

Abbildung 7.1: Das Arbeitsblatt

	A	B	C	D
1	ASCII-Werte	Wert	Datei:	7uebung.dat
2	18,231	18,231	Eingestellter Wert:	
3	19,1	19,1	1. Kriterienbereich	2. Kriterienbere
4	29,056	29,056	Wert	Wert
5	301,2468	301,2468		>=153,561855
6	1000	1000		
7	-26,7888	-26,7888		
8	-300	-300	Mittelwert:	
9	100,677	100,677	153,561855	
10	100,443	100,443	Anzahl:	
11	108,8901	108,8901	5	
12	-677	-677	Standardabw.:	
13	1011	1011	413,8105	
14	1,98	1,98		
15	10	10		
16	0,88	0,88		
17	983,222	983,222		
18	192,55	192,55		
19	101	101		
20	-25,25	-25,25		
21	122	122		
22				
23				

Abbildung 7.2 zeigt die Makros *Laden* und *Einlesen*.

Abbildung 7.2: Lösungsmakros zu Kapitel 7

	A	B
1	Laden	STRG-1
2	=DÖFFNEN('7UEBUNG.XLS'!D1;2)	
3	=WENN(A2=1;GEHEZU(A5))	
4	=GEHEZU(A7)	
5	=WARNUNG("Datei bereits geöffnet";3)	
6	=DSCHLIESSEN(1)	
7	=RÜCKSPRUNG()	
8		
9		
10	Einlesen	STRG-e
11	=BERECHNEN(3)	
12	=AKTIVIEREN("7uebung.xlm")	
13	=AUSWAHLEN("Z19S1")	
14	=KOPIEREN()	
15	=AKTIVIEREN("7uebung.xls")	
16	=AUSWAHLEN("Z1S1")	
17	=FÜR("Zähler";1;20;1)	Beginn Schleife
18	=AUSWAHLEN("Z(1)S")	
19	=DLESEN.ZEILE(0)	Lesen der Datei
20	=INHALTE.EINFÜGEN(3;1)	Übertragen in die Tabelle
21	=WEITER()	Ende Schleife
22	=DSCHLIESSEN(0)	Schliessen der Datei
23	=ABBRECHEN.KOPIEREN()	
24	=AUSWAHLEN("z1s1")	
25	=BERECHNEN(1)	
26	=RÜCKSPRUNG()	

SACHWORTVERZEICHNIS